地铁地下结构

横向抗震分析方法与实例

许紫刚◎著

西南交通大学出版社

·成 都·

图书在版编目（CIP）数据

地铁地下结构横向抗震分析方法与实例 / 许紫刚著.
成都：西南交通大学出版社，2024. 10. -- ISBN 978-7-
5774-0155-3

Ⅰ. TU921

中国国家版本馆 CIP 数据核字第 20241YQ761 号

Ditie Dixia Jiegou Hengxiang Kangzhen Fenxi Fangfa yu Shili
地铁地下结构横向抗震分析方法与实例

许紫刚　著

策 划 编 辑	韩　林
责 任 编 辑	姜锡伟
助 理 编 辑	陈发明
封 面 设 计	GT 工作室
出 版 发 行	西南交通大学出版社
	（四川省成都市金牛区二环路北一段 111 号
	西南交通大学创新大厦 21 楼）
营销部电话	028-87600564　028-87600533
邮 政 编 码	610031
网　　　址	http://www.xnjdcbs.com
印　　　刷	成都蜀通印务有限责任公司
成 品 尺 寸	170 mm × 230 mm
印　　　张	13.25
字　　　数	237 千
版　　　次	2024 年 10 月第 1 版
印　　　次	2024 年 10 月第 1 次
书　　　号	ISBN 978-7-5774-0155-3
定　　　价	69.00 元

图 1-3　普通振动台试验平台及模型箱

图 1-4　离心机振动台试验平台及模型箱

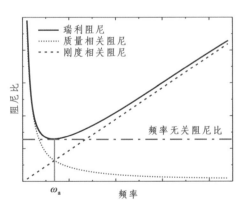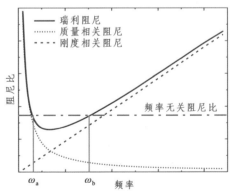

图 2-5　简单形式瑞利阻尼　　　　　图 2-6　完整形式瑞利阻尼

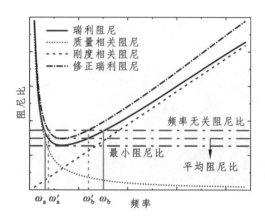

图 2-7　修正完整形式瑞利阻尼

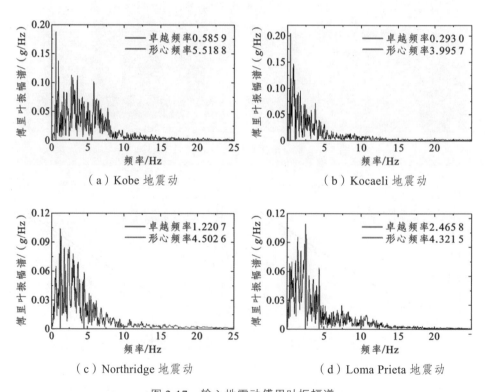

（a）Kobe 地震动

（b）Kocaeli 地震动

（c）Northridge 地震动

（d）Loma Prieta 地震动

图 2-17　输入地震动傅里叶振幅谱

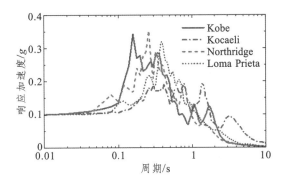

图 2-18　输入地震动反应谱

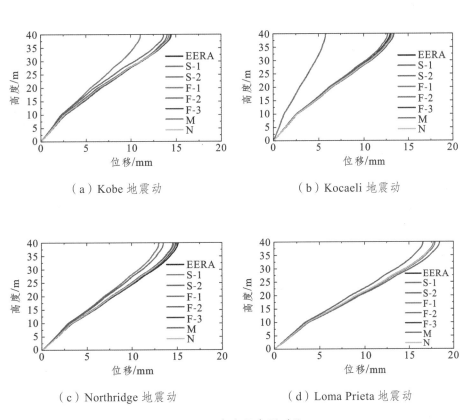

（a）Kobe 地震动　　　　　　　　　　（b）Kocaeli 地震动

（c）Northridge 地震动　　　　　　　　（d）Loma Prieta 地震动

图 2-21　自由场变形对比

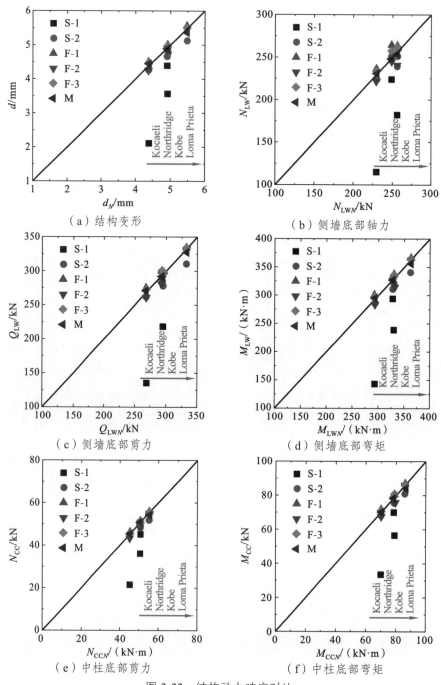

（a）结构变形

（b）侧墙底部轴力

（c）侧墙底部剪力

（d）侧墙底部弯矩

（e）中柱底部剪力

（f）中柱底部弯矩

图 2-22　结构动力响应对比

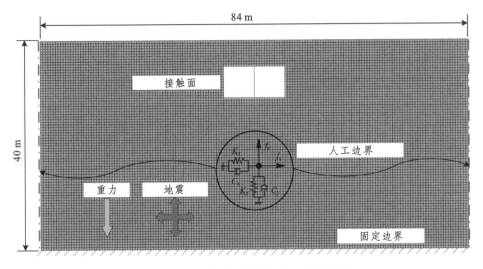

图 3-3   土-结构动力时程分析有限元模型

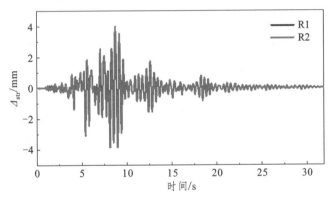

图 3-6   不同地震动作用方式下结构水平变形

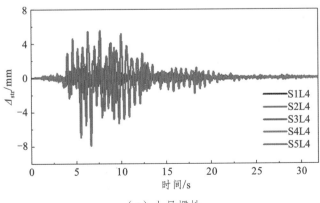

（a）土层惯性

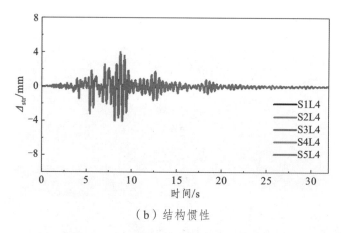

（b）结构惯性

图 3-9　不同惯性效应下结构水平变形

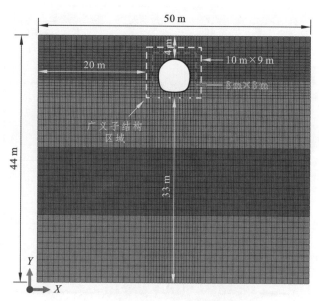

图 5-10　实例一有限元模型

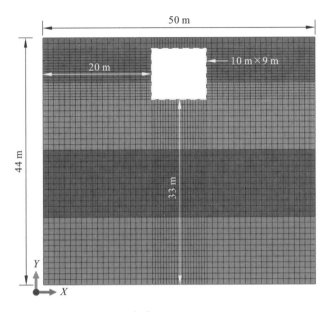

（a）GRDM-L

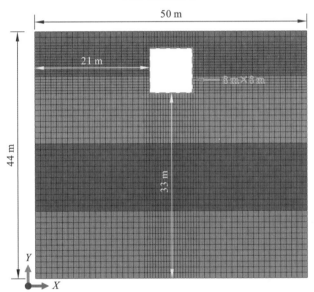

（b）GRDM-S

图 5-11　地基弹簧刚度系数求解模型

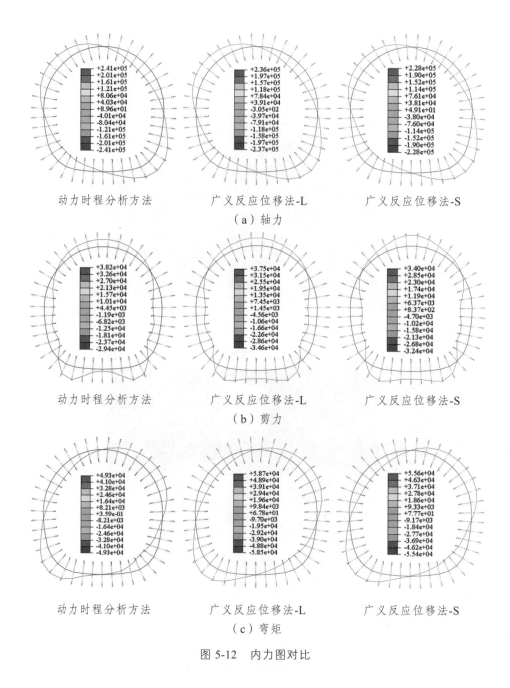

动力时程分析方法　　　　　广义反应位移法-L　　　　　广义反应位移法-S

（a）轴力

动力时程分析方法　　　　　广义反应位移法-L　　　　　广义反应位移法-S

（b）剪力

动力时程分析方法　　　　　广义反应位移法-L　　　　　广义反应位移法-S

（c）弯矩

图 5-12　内力图对比

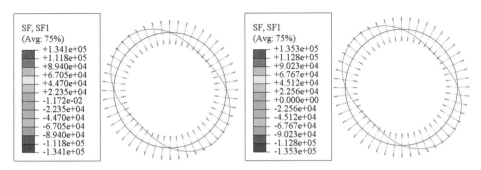

动力时程分析方法　　　　　　　　　　　局部反应加速度法

（a）轴力

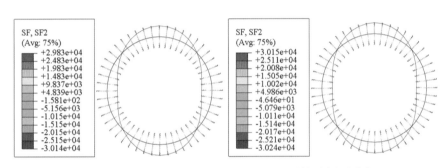

动力时程分析方法　　　　　　　　　　　局部反应加速度法

（b）剪力

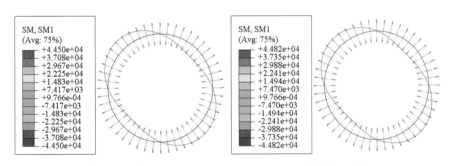

动力时程分析方法　　　　　　　　　　　局部反应加速度法

（c）弯矩

图 5-20　EL Centro 地震动作用下内力云图

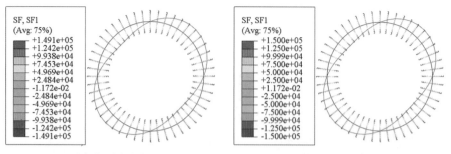

（a）轴力

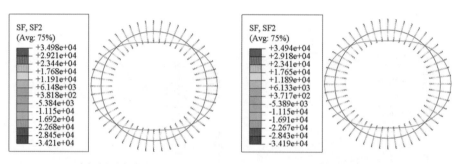

（b）剪力

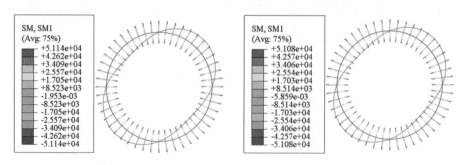

（c）弯矩

图 5-21　Loma Prieta 地震动作用下内力云图

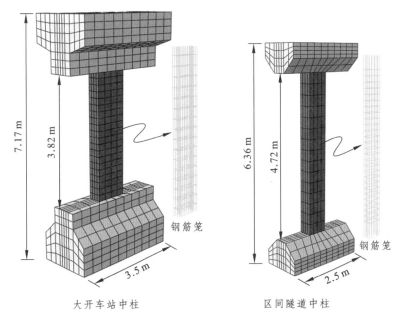

图 6-16　原始中柱推覆分析有限元模型

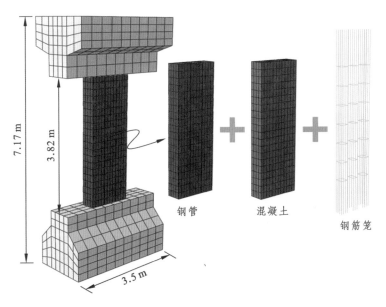

图 6-17　新建中柱推覆分析有限元模型

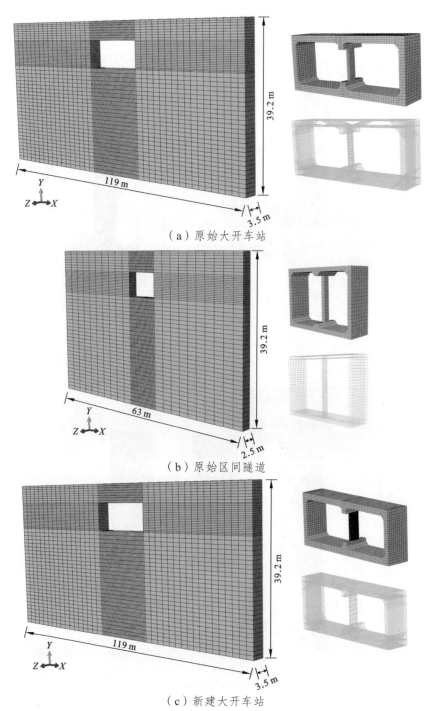

（a）原始大开车站

（b）原始区间隧道

（c）新建大开车站

图 6-20　土-结构体系推覆分析有限元模型

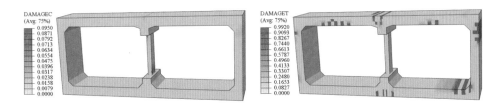

（a）阶段 1

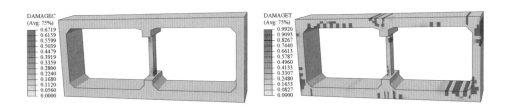

（b）阶段 2

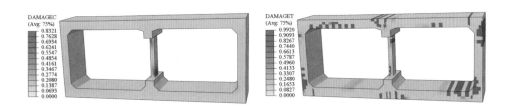

（c）阶段 3

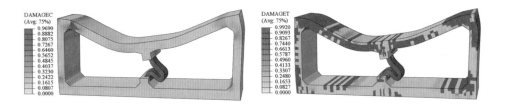

（d）阶段 4

图 6-22　推覆过程中混凝土拉压损伤

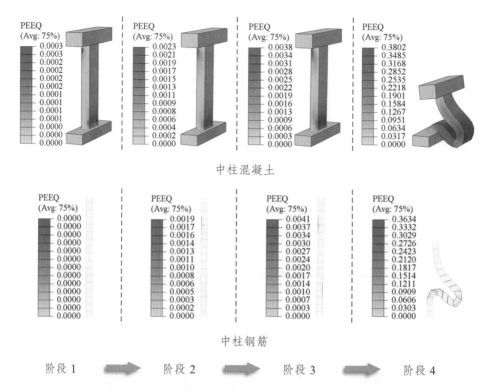

中柱混凝土

中柱钢筋

阶段 1   阶段 2   阶段 3   阶段 4

图 6-23   推覆过程中中柱混凝土及钢筋等效塑性应变

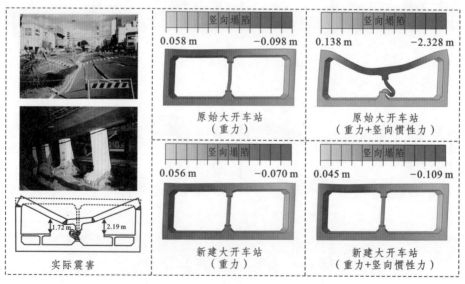

图 6-24   实际震害与数值模拟结果对比（单位：mm）

前　言

　　21 世纪是地下空间开发和利用的大时代，目前地下空间的开发和地下结构的建设已经在世界范围内进入了快速发展的高峰期。截至 2023 年底，我国（统计数据暂不包括港澳台地区）已有 59 个城市开通运营城市轨道交通线路 11 232.65 km，其中地铁线路 8 547.67 km，占比 76%。我国地处环太平洋地震带和欧亚地震带之间，是世界上遭受地震灾害最为严重的国家之一。地下结构建设与运维面临的地震威胁十分严峻，发展地下结构抗震设计方法，提升地下结构抗震安全性能，对实现交通强国战略目标具有重要意义！

　　本书主要以地铁地下结构为研究对象，采用理论分析和数值模拟手段对典型车站结构和区间隧道结构的横断面抗震问题进行了深入研究，重点介绍了土-地下结构整体动力时程分析方法、反应位移法和反应加速度法的应用与改进。本书的相关研究成果可为从事地下结构抗震设计与研究的相关人员提供参考。

　　本书成果是作者在北京工业大学读博期间和在华东交通大学工作期间部分研究工作的总结，作者的导师杜修力院士为本书作出了突出贡献。本书在撰写过程中也得到华东交通大学徐长节教授、罗文俊教授、庄海洋教授等的关心与指导。在此，向他们表示衷心的感谢！

　　由于作者水平有限，书中难免存在疏漏和不足之处，衷心希望读者不吝赐教，作者电子邮件地址：xuzigang1027@163.com。

许紫刚

2024 年 1 月

目　录

1

绪　论

1.1 引 言

随着世界各国城镇化进程的不断推进，一些严重的问题也日益凸显，如环境污染、交通拥堵、资源短缺等[1-3]。为应对资源和环境等方面的严峻挑战，工程界和学术界普遍认为开发利用地下空间是城市可持续发展的重要方向[4,5]。地下结构在城市建设、国防工程、交通运输等各个领域得到了越来越广泛的应用，如地铁工程、综合管廊、地下商场等[6,7]。实践表明，21 世纪是地下空间开发利用的大时代，目前地下空间的开发和地下结构的建设已经在世界范围内进入了快速发展的高峰期[8]。

中共中央、国务院最新印发的《交通强国建设纲要》指出，到 2035 年我国要基本建成交通强国。而在城市交通领域方面，以地铁工程为骨干的大运量快速公共交通系统在构建现代综合交通运输体系上发挥着不可或缺的作用[9]。城市地铁系统以其快速、高效、环保等特点，已经成为大型城市交通系统的主要力量，并且在世界上大多数经济发达地区得到蓬勃的发展。我国城市轨道交通发展主要历经三个过程，包含起步阶段、规划高潮阶段和快速发展阶段，如图 1-1 所示。截至 2023 年底，我国北京、上海、广州、成都、深圳、天津、重庆、南京、武汉、杭州、香港、台北等近 60 座城市已经开通地铁，此外也有多座城市正在修建和规划修建地铁。以北京市为例，2023 年轨道交通线路网包括 30 余条线路，总长约 1 000 km，车站数量接近 500 座。北京市四环路内轨道交通网密度将达 1.29 km/km²，达到甚至超过东京、纽约等国际城市的轨道交通网密度水平。

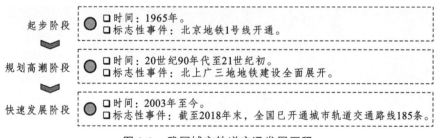

图 1-1 我国城市轨道交通发展历程

与大量地上结构震害相比，地下结构的震害资料相对较少，以至于很长一段时间里地下结构被普遍认为具有较好的抗震性能，因此也未对地下结构的防震减灾等问题给予足够的重视[10]。然而，总结历史上地震中出现的地下结构震害资料可以发现，强震作用下地下结构也存在损伤破坏甚至完全塌毁的可能[11,12]。

最早记录到的关于地下结构的震害主要是山岭隧道和城市管线等，如 1906

年美国旧金山里氏 8.3 级地震中，多条输水管道发生了较为严重的损伤破坏现象[13]；1923 年日本关东里氏 7.9 级地震中，震源附近百余条隧道出现混凝土开裂、部分结构塌落等破坏[14]；1971 年美国圣费尔南多里氏 6.6 级地震中，多座隧道发生开裂破坏[15]；1975 年我国海城里氏 7.3 级地震中，近 400 处地下管道发生破坏[16]；1985 年墨西哥近海里氏 8.1 级地震中，多处城市地下管道出现不同程度的地震损伤[17]；2008 年我国汶川里氏 8.0 级地震中，多条公路隧道有严重受损记录[18]。

在历次地下结构震害中，引起世界范围内地震工程领域学者和专家最多关注的是 1995 年日本阪神地震造成的大开地铁车站的整体塌毁。据不完全统计，阪神地震共造成当地 5 500 多人死亡，3 500 多人受伤，约 18 万栋建筑严重破坏或倒塌，直接经济损失高达 1 470 余亿美元[19]。神户市内的神户地铁大开车站、长田车站、三宫车站、上泽车站及一些区间隧道等均发生不同程度的破坏，其中以大开地铁车站的破坏最为严重。地震时大开车站中央部分 120 m 长线路上 30 多根柱子完全毁坏，直接导致了混凝土上顶板破坏，使得地铁上方的 28 号国道发生坍陷，最大沉降量约达 2.5 m。据相关媒体报道，若要修复大开车站可能需 100 余亿日元，而要修复区间隧道则需 180 余亿日元[20-22]。纵观地下结构震害历史，同许多地面建筑结构一样，地下结构的地震安全问题不容忽视，地下结构的工程建设应高度重视地震动作用所引起的附加荷载。

我国地处环太平洋地震带与欧亚地震带两大地震带之间，受太平洋板块、印度板块和菲律宾海板块的挤压，地震活动高度频繁[23,24]。我国地震主要分布在 5 个区域和 23 条地震带上，其中 5 个区域包括台湾地区、西南地区、西北地区、华北地区、东南沿海地区。据不完全统计，近年来我国国内和周边地区发生了多起大地震，如 2008 年汶川 8.0 级地震、2010 年玉树 6.9 级地震、2011 年日本外海 9.0 级地震、2013 年雅安 7.0 级地震、2015 年尼泊尔 8.1 级地震、2017 年九寨沟 7.0 级地震和 2019 年台湾花莲县海域 6.7 级地震等。2016 年 6 月 1 日，我国正式实施的《中国地震动参数区划图》（GB 18306—2015）[25]中也全面取消非抗震设防区，而我国绝大部分在建地铁城市都位于强地震活动区。也就是说，我国现役、在建或拟建的地下结构随时面临严重的地震威胁。地铁地下结构是重大基础设施工程，其工程建设造价高昂，结构形式和材料复杂多样。一旦地下结构发生地震损伤，不仅很难发现其具体破坏位置，而且修复工作难以推进，同时也将带来其他更为严重的直接和间接损失。因此，开展地铁地下结构抗震研究工作具有十分重要的工程应用价值。

我国对地铁等地下结构的抗震问题研究起步较晚，导致我国的地下工程建设长期处于无规可依的局面。早期地下结构的设计主要根据《铁路工程抗震设计规范》（GBJ 111—87）[26]和《公路工程抗震设计规范》（JTJ 004—89）[27]，设计方法为静力荷载法。20世纪90年代至21世纪初期，我国虽出现专门的地下结构设计规范，如《地下铁道设计规范》（GB 50157—92）[28]和《地铁设计规范》（GB 50157—2003）[29]等，但这些规范对地下结构的抗震问题却没有明确的规定和说法。一直到2010年，在我国新修订的《建筑抗震设计规范》（GB 50011—2010）[30]中首次编写了地下建筑结构的抗震设计相关内容。截至目前，我国地下结构抗震设计的国家规范主要有两部，一部是2014年颁布实施的《城市轨道交通结构抗震设计规范》（GB 50909—2014）[31]，另一部是2019年颁布实施的《地下结构抗震设计标准》（GB/T 51336—2018）[32]。然而，现有关于城市地铁地下结构的抗震设计规范尚处于初步发展阶段，具体内容相对比较简略，有些内容仍需要进一步深化和改进。

总的来说，我国现在处于并将在未来很长一段时期处于城市地铁地下结构建设的飞速发展阶段，频频发生的地震作用对地铁地下结构的抗震设计提出了更加严格的要求。因此，对城市地下结构抗震问题开展系统研究，总结地下结构地震反应规律，发展科学合理的抗震分析方法，提出行之有效的减震控制措施，对完善我国地下结构抗震体系具有重要的科学意义和工程应用价值。

1.2 地下结构震害特点

在地震作用下，地下结构与地面结构的动力反应有很多不同之处，总结地下结构和地面结构的振动特性可以发现[33-35]：

（1）结构自振特性不同。地下结构四周由土体包围，其振动变形受周围土层约束作用显著，动力反应很大程度取决于土体的自振特性；地面结构的动力反应则明显表现出结构自身的振动特性。

（2）结构对自由场地震动扰动不同。相对于地震波波长，地下结构横截面尺寸一般较小，地下结构的存在对周围土层地震动的影响较小；地面结构的存在则对该处自由场的地震动产生较大的扰动。

（3）结构反应受地震入射角度影响不同。地震动入射角度发生很小的改变时，地下结构各点的受力状态和变形等可能出现明显的改变，也就是说地下结构的动力反应受地震动入射角度影响较大；地面结构的动力反应基本不受地震动入射角度的影响。

（4）结构反应受地震加速度大小影响不同。一般而言，地下结构在振动中的主要应变与地震加速度大小的联系不明显，但与周围岩土介质在地震作用下的应变或变形的关系密切；对地面结构来说，地震加速度则是影响结构动力反应大小的一个重要因素。

（5）结构各点振动相位差不同。地下结构在振动中各点的相位差别十分明显；地面结构各点在振动中的相位差并不明显。

总之，地下结构和地面结构由于所处位置的不同，两者的动力反应差别明显。对于地下结构而言，地震作用首先引起土层振动，进而使地下结构产生变形。常规地面建筑结构的地震变形模式明显不能沿用至地下结构，一般来讲，地震作用下地下结构的变形按地震动作用方式可以分为如图 1-2 所示的三种变形模式[36]：

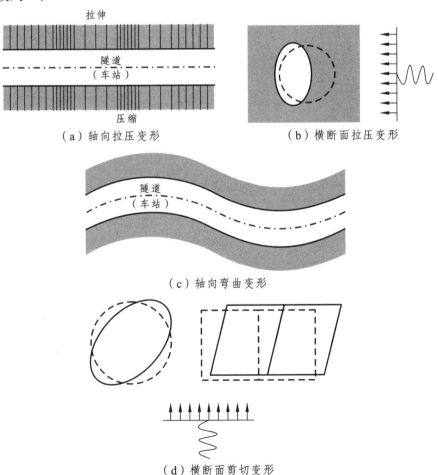

（a）轴向拉压变形　　　　　　　　（b）横断面拉压变形

（c）轴向弯曲变形

（d）横断面剪切变形

图 1-2　地下结构的地震变形模式

（1）拉伸或压缩变形。当地震动有沿着隧道轴向的分量时产生轴向拉压变形；当隧道两侧有垂直于轴向且相位相反的水平振动分量而隧道断面尺寸又较大时，易产生侧向拉压变形，如图 1-2（a）和 1-2（b）所示。

（2）轴向弯曲变形。当地震动有垂直于隧道轴向的分量时可能产生轴向弯曲变形，包括水平平面内弯曲变形和竖直平面内弯曲变形，如图 1-2（c）所示。

（3）横断面内的剪切变形。当剪切波垂直于隧道轴线由基岩向上传播时易在横断面内产生剪切变形，在横断面设计时通常将其简化为二维平面应变问题，如图 1-2（d）所示。

日本学者 Yashiro 等[37]分析了山岭隧道的震害特点，认为可以将山岭隧道结构的震害分为三类：

（1）浅埋区的隧道。浅埋区围岩土体容易发生较大的剪切变形，导致隧道结构拱肩部位出现较大的弯矩，并进一步引起拱肩部位产生裂缝现象。

（2）破碎带区的隧道。破碎带区域围岩松散、地质条件较差，在地震作用前结构可能需要承受较大的松散土压力，而在地震动过程中这部分荷载有可能加剧结构变形，导致结构顶部出现受弯或受压屈服，引起顶部混凝土开裂、压碎等现象。

（3）断层带区的隧道。地震过程中断层出现滑动，断层带区域的隧道结构需要抵抗这一强制位移，从而导致衬砌直接被剪断，主要可能发生衬砌错台、开裂等现象。

基于地震观测和震害调查，众多研究者对地下结构的地震反应特性开展了广泛深入的研究，主要的地下结构震害特征可以总结如下[36, 38-40]：

（1）一般而言，地下结构的地震破坏程度要轻于地面结构。

（2）深埋地下结构破坏程度一般比浅埋结构轻，但地下结构存在最不利埋深，也就是说在某一个深度范围，地下结构可能遭受严重的破坏。

（3）围岩条件较好的地下结构的地震破坏程度要轻于围岩条件较差的地下结构。

（4）对于岩石中的地下隧道而言，采取措施提高衬砌和围岩的整体性可以有效提高隧道的抗震坏能力。

（5）相比于地下车站结构的侧墙和顶底板而言，混凝土中柱的地震损伤程度最为严重。

（6）圆形截面或类圆形截面的地下结构的地震破坏程度要轻于矩形框架形式的地下结构。

1.3　地下结构抗震研究的手段

1.3.1　原型观测

原型观测是研究地下结构抗震问题最直观的途径，研究者通过实际观测并记录地震作用下地下结构的动力反应和震害情况，从而揭示地下结构地震响应特点、抗震性能和震害机理等。通过地震观测与现场震害调查研究地下结构抗震问题具有相当重要的作用，它不仅可以获得较为真实的地震记录，而且可以通过布设于结构中的测量装置得到实时的动力反应。同时，实测数据也可用作建立基础数据库，验证许多数值方法的正确性。

原型观测方法需要在地震发生前在所观测的地下结构内部关键部位或土体中埋设加速度计和应变计等测量装置，以获得结构和土体的应力、应变、加速度和位移等。但是，地震本身是一个难以预测的过程，通过原型观测方法获得的震害记录资料也非常有限。1964 年，日本对羽田隧道进行了地震观测，获得了土体和结构动力反应数据。1970 年，日本对新建的公路和铁路隧道也都进行了相应的地震观测。隧道和管线结构的地震观测结果表明，地震过程中地下结构自身振动不显著，结构反应主要受周围土体变形影响。随着地下工程建设的推进，相应的地震观测资料也不断丰富，对地下结构动力特性的认识也有了提高，认为影响地下结构地震反应的因素是土体变形而不是地下结构惯性力[41]。Sharma 等[42]系统总结了 192 份关于地震中地下结构反应的报告，建立了地下结构地震反应数据库，并给出了一系列的评价指标。此后，Power 等[43]补充了相关的调研工作，进一步丰富了数据库资料。近年来，世界范围内又发生了多起大地震，如 1995 年阪神地震、1999 年集集地震、2008 年汶川地震和 2016 年熊本地震等。国内外研究者们对这些强震作用下地下结构的地震反应进行了系列调查，收集了大量具有科研价值的数据资料。Iida 等[44]对阪神地震中大开地铁车站的塌毁破坏进行了调查。杜修力等[45]系统总结了有关大开车站和区间隧道的震害研究工作。Wang 等[39]对 1999 年我国台湾集集地震造成的山岭隧道的地震破坏进行了调研。李天斌[46]、崔光耀等[47]和 Wang 等[48]对汶川地震中山岭隧道和公路隧道进行了翔实的调查研究工作。

虽然地下结构广泛存在于很多地震活跃区域，但由于地震发生的不确定性和随机性，有关地下结构的震害记录非常有限。因此，通过震害记录进行地下结构抗震研究就受到较大的限制。目前，研究者们仍在不断丰富历次地震中地下结构的震害调查研究工作，这对于后期通过试验和数值的方法开展深入的地下结构抗震研究工作具有重要的科学价值。

1.3.2　模型试验

采用适当的试验技术再现地下结构的地震反应是研究地下结构抗震性能的重要途径。一般来讲，地下结构体量大，直接进行地下结构的原型试验存在一定的困难。根据相似关系，将地下结构缩小数倍后开展抗震模型试验，有较好的经济性和较强的实用性，且试验条件可控。模型试验补充了震害记录数据的不足，为研究地下结构抗震机理问题提供了有效的手段。目前地下结构抗震模型试验主要可以细分为人工震源试验、普通振动台试验、离心机振动台试验和拟静力试验。下面分别对各试验技术及研究成果进行简要阐述。

（1）人工震源试验。

人工震源试验是通过在研究对象附近人工激震或爆破的方式来模拟地震作用，并通过前期布置的监测设备记录地下结构和周围土层的动力反应。这类试验不存在无穷远域人为截断模型边界和地震动输入等问题，可以较为准确地模拟地下结构的动力响应特性，因此常用来研究波源问题和结构自振特性问题[49]。地下结构人工震源试验研究非常之少，例如，Phillips 等[50]最早在美国内华达州某核试验场周边对一条隧道进行了地下核爆炸的动力响应试验研究，通过监测数据发现隧道与围岩反应基本一致，并且震后隧道出现不可恢复的变形等特点。然而，受制于试验技术条件，人工震源试验的激震力一般较小，结构反应一般也很小，而且该类试验消耗成本较高，因此该类试验方法应用较少，除一些对抗震等级要求较高的重要建筑物以外，一般不进行该类试验的研究。

（2）普通振动台试验。

普通振动台试验最早应用于普通地面建筑及桥梁结构抗震研究，该类试验操作十分灵活，不仅可以较好地再现地震过程，还可以进行人工合成地震动试验，能够实现多维多点的地震动输入。一般来讲，地下结构的普通振动台试验需要借助振动台台阵以及盛土用的模型箱等主要装置，典型地下结构普通振动台试验照片如图 1-3 所示。近年来，国内外学者针对地下结构抗震问题开展了许多普通振动台试验，一方面研究地下结构的动力响应规律，另一方面也检验地下结构地震反应分析理论和方法。

1995 年日本阪神地震后，Nishiyama 等[51]针对大开地铁车站及区间隧道开展了相关的振动台模型试验，提出了基于性能的明挖隧道三水准抗震设计新方法。Iwatate 等[52]和 Che 等[53]也以大开车站为研究背景，开展了一系列大型振动台模型试验，在解释了地下结构的破坏机理的同时，提出了中柱与顶底板的铰接比固结更有利于减轻中柱破坏的设计理念。Ohtomo 等[54]基于二维平面应变模型假定对某隧道进行了大缩尺比的非线性破坏大型振动台模型试验，发现结构变形受周围土体变形的控制，结构两侧的土压力随输入地震动强度的增大而增大。Matsui 等[55]通过一系列地下结构大型振动台试验也发现，无论地下结构是否进入非线性阶段，结构相对变形均很大程度上取决于周围土体的变形。Che 等[56]针对嵌入式隧道结构进行了几何比尺为 1：16 的振动台试验和数值分析，发现模型结构受周围土体产生的侧向地震土压力作用。Guan 等[57]依托福州 2 环线实际工程开展了几何比尺为 1：30 的隧道结构普通振动台试验研究，发现结构存在对场地地震反应影响显著。Tao 等[58]针对长春地铁 2 号线的装配式地铁车站结构开展了几何比尺为 1：30 的振动台试验和数值分析，总结了装配式地铁车站结构的地震损伤机理。

图 1-3　普通振动台试验平台及模型箱

宫必宁等[59]和赵大鹏等[60]采用有机玻璃制作矩形地下框架结构模型，并开展了不同埋深工况下的振动台试验，讨论了竖向地震激励下的地下结构响应和不同埋深下结构的抗震性能问题，该研究结果表明在地震作用下深埋结构的抗震性能要优于浅埋结构。季倩倩[61]和杨林德等[62, 63]以上海某地铁车站结构为原型，在我国最早开展了软土地基地铁车站结构的系列振动台模型试验，结果表明中柱应变较大，并给出适当加强中柱强度的建议。边金[64]、张波[65]和陶连金等[66-68]对北京地区常见的粉质黏土等场地条件开展了浅埋二层二跨地铁车站、超浅埋大跨度 Y 形柱双层地铁车站及地铁车站-隧道密贴交叉组合模型振动台试验，较为系统地研究了北京地区地铁结构的地震响应特点。申玉生等[69]针对高烈度地震区某隧道开展了山岭隧道大型振动台模型试验研究，模型采用几何相似比 1∶30 和弹性模量相似比 1∶45 作为独立设计参数，研究了人工合成地震作用下山岭隧道的动力响应，指出隧道地震作用下的薄弱部分是拱顶和仰拱部位。史晓军等[70-72]针对浅层软土矩形地下综合管廊分别开展了一致激励和非一致地震激励振动台台阵模型试验，分析了地下综合管廊的动力响应及接触面和地基土的响应规律，结果表明非一致激励下结构的反应大于一致激励下结构的反应，地下管廊的抗震设计应考虑地震激励的空间变异性影响。姜忻良等[73]针对天津站交通枢纽工程开展考虑土-结构相互作用效应的大型土-桩-复杂结构体系振动台模型试验研究，得出随着地震震级的增加，结构体系之间的动力相互作用影响增大，体系各部分的塑性变形发展加剧，即结构的最大应变、位移及动土压力均增加，但整个体系的自振频率明显降低。景立平等[74, 75]开展了可液化场地三层三跨地铁车站结构双向振动台模型试验，发现地下车站结构在地震中的破坏主要由位移控制，顶层破坏最为严重，建议增加地下结构延性来提高地下车站结构抗震性能。权登州等[76, 77]在黄土地区地铁车站振动台试验中分析了模型地基的边界效应、模型地基与结构的加速度反应规律及模型结构对地基地震反应的影响特征，为我国黄土地区地下结构的抗震设计提供可靠资料。

陈国兴等[78-80]以南京地铁车站与隧道为原型结构，开展了国内首次可液化土-地下结构振动台模型试验，揭示了地下结构周围地基土的液化机理、变形规律和地下结构动力损伤机理，发现地下结构侧向地基土液化时结构构件产生的不可恢复的残余变形是造成地下结构严重破坏的主要因素。此外，陈国兴等[81-85]也首次进行饱和砂土和软土地基地铁地下车站结构破坏性和非破坏性大型振动台系列模型试验，揭示了可液化地基、软土地基地下结构的地震损伤发展过程与破坏机理。李霞[86, 87]通过自主研发的悬挂式层状多向剪切箱装置开展了单向、双向地震激励作用下复杂地铁地下结构地震反应的大型振动台试验，研究了砂土地基中换乘通道-地铁车站结构系统的地震反应特性及其动力相互作用，为建立地下结构简化抗震计算方法提供了可靠的依据。韩俊艳等[88-90]开展了埋地管线非一致激励地震反应振动台模型试验，详细分析了试验中的管道、土体地震反应及管土相互作用等，与一致激励作用试验结果相比，发现在非一致激励作用下，地基土非线性程度稍大，呈现出显著的空间效应，管道产生了弯曲变形。江志伟[91]依托装配式地铁车站结构和区间隧道结构实际工程，开展了装配式地下结构的振动台试验并尽可能地还原了装配式结构的细部特征，获得了装配式地下结构的地震反应特征，为我国装配式地下结构的抗震设计积累了丰富的参考资料。

（3）离心机振动台试验。

普通振动台试验只能模拟 1g 的重力加速度环境下结构的动力响应，由于模型与原型相比存在一定的缩尺比例，因此在 1g 重力条件下，模型的应力水平与原型存在一定的差异，这也导致普通振动台试验结果与实际情况相比有一定的差异。针对这一问题，有学者提出离心机振动台试验技术。如图 1-4 所示，离心机振动台试验是将结构模型埋置于特制的模型箱中，并挂于离心机的吊篮进行试验。通过对 1/N 缩尺的模型施加 Ng 离心加速度，利用超重力场补偿缩尺模型的自重应力缺失[92, 93]。离心机振动台试验能较好地模拟与原型重力场接近的重力环境，目前已广泛应用于岩土工程领域，特别是地下结构抗震模型试验，并取得良好的试验效果。

图 1-4　离心机振动台试验平台及模型箱

Yang 等[94]通过某沉管隧道离心机振动台试验，研究了沉管隧道的动力响应及场地液化对结构的影响，得出地基振密或碎石排水桩有利于减小隧道地震位移。Chou 等[95]等针对近海湾隧道周围的松散砂土及碎石回填的实际场地的可液化条件，对某沉埋式明挖地铁隧道开展了离心机振动台试验，研究了地下隧道结构的上浮特性，得出隧道体积是影响隧道上浮的主要因素。Cilingir 等[96, 97]对浅埋圆形和方形隧道进行了动力离心机试验与数值分析，结果表明模型隧道的地震反应主要取决于输入地震动的峰值加速度，输入地震动频谱特性的影响较小，隧道的埋深对隧道的变形模式没有明显的影响。Chian 等[98]对可液化土层中浅埋圆形结构的上浮进行了系列动力离心机试验，研究了埋深和结构尺寸对上浮反应的影响，该试验结果为估计可液化中类似结构的上浮位移提供了依据。Lanzano 等[99]进行了圆形隧道的系列动力离心机试验，揭示了地震动作用下沿隧道衬砌四周的加速度和环向内力反应的演化过程，也得出了埋深对模型隧道内力大小的影响较小的结论。Tsinidis 等[100]开展了埋置于干砂中的方形隧道模型结构进行了动力离心机试验，发现模型结构顶板两侧的竖向加速度记录的相位不一致，表明模型隧道结构发生了摇摆模式的振动，依据隧道的推压变形，判断该隧道相对于周围土是刚性结构。Chen 等[101]开展了含隔震层的矩形隧道离心机振动台模型试验，发现矩形隧道角部的动弯矩远大于结构的其他部位，含隔离层的隧道衬砌外侧的动弯矩和应变显著降低，尤其是在隧道的角部；隔离层的减震机理是其吸收了地震引起的地基变形，减小了隧道截面的变形。Tobita 等[102]开展了离心机振动台污水井系列模型试验，研究了地基液化引起的污水井上浮机理试验，结果表明污水井的上浮是由于其底部附近的有效应力降低所致；上浮量的大小与地下水位、地震动强度、污水井沟槽的剪切变形和端部解除条件密切相关。Kang 等[103]开展了可液化地基上地下市政设施检修井的动力离心机系列模型试验，试验发现检修井周边填土中的超孔隙水压力增长是检修井上浮的主要原因，增加检修井周边填土的相对密度是减轻检修井上浮的最有效方法。

刘光磊等[104]对可液化地基中矩形隧道进行了动力离心机模型试验，结果表明地基液化引起的隧道衬砌上的附加变形内力以及隧道上浮量主要受地基液化时土水压力的变化影响。刘晶波等[105, 106]对单层三跨地下结构进行了动力离心机模型试验，试验结果表明结构最大弯曲应变发生在柱上端，柱是地下结构抗震最不利构件，且柱上端相对于柱下端更为不利。韩超[107]开展了饱和砂土中圆形隧道的动力离心机模型试验，结果表明地铁隧道沿深度方向对周围土体的影响范围约为 1 倍的管径，模型隧道±45°位置所处的拉压状态相反，应变和内力最大值出现±45°位置附近。郭恒[108]和凌道盛等[109]开展了饱和砂土地基单层双跨地铁车站的动力离心机试验，发现在模型结构和上覆土体自重作用下，模型结构立柱承受较大的轴向压力，强震作用时立柱受压弯联合作用，柱底先出现混凝土剥离和破坏，是整个模型结构的薄弱点。周健等[110]进行了饱和砂土层中地铁车站结构的动力离心机试验，得到模型结构周围砂土超孔隙水压力比自由场地有一定增大的结论。此外，李洋[111]和许成顺等[112]提出在结构顶面的上覆土中掺入一定比例钢砂来模拟上覆土的竖向惯性效应的试验方法，通过浙江大学的 JZU400 离心机振动台开展了浅埋地下框架结构地震破坏模型试验研究，揭示了不同上覆土压力对浅埋地下框架结构地震破坏反应的影响规律，再现了阪神地震中大开地铁车站的典型地震破坏现象。

（4）拟静力试验。

除了人工震源试验和振动台试验以外，拟静力试验也是研究地下结构抗震性能的重要途径之一。拟静力试验是对结构或构件在周期反复荷载作用下的静力试验,是目前抗震试验中应用最为广泛的试验方法。结构拟静力试验耗资低,不需要特殊、复杂的加载设备,而且能够仔细观察试件在初始加载直至破坏的受力-变形的变化全过程及其破坏损伤的发展全过程,特别是可以采用大比例甚至是足尺试件,消除尺寸效应的影响,可以真实模拟实际结构的细部构造。拟静力试验最早应用于地面建筑和桥梁结构等,并取得一系列的研究成果。近年来,国内外学者也针对地下结构开展了相关的抗震试验研究,目前开展的地下结构拟静力试验研究主要分为不考虑土-结构相互作用和考虑土-结构相互作用两种。

孔令俊[113]在验证了地下结构拟静力试验的可行性基础上,通过 5 组钢筋混凝土箱涵结构的 1/3 缩尺拟静力试验及数值模拟分析了结构的薄弱部位、承载力及能量耗散等情况,并对节点区域提出加腋坡度取为 1:1 的设计建议。Kawanishi 等[114, 115]以大开地铁车站为研究背景开展了 3 组拟静力试验,通过改变中壁与侧壁相对抗侧刚度,研究了地下结构在竖向和水平荷载共同作用下的失效模式,得出中壁对地下结构而言是关键的竖向支撑构件,其破坏可能导致结构的整体失效。在地下结构构件方面的拟静力试验中,刘洪涛[116]和杜修力等[117-120]针对装配式地下车站结构开展了足尺预制拼装侧墙底节点、预制拼装中柱底节点和预制拼装梁板柱中节点的抗震性能试验研究,并与相同类型的现浇整体节点进行对比分析,给出了预制拼装柱的最佳轴压比建议。

上述地下结构拟静力试验都只单独研究了地下结构或构件在恒定竖向荷载作用下的抵抗水平变形的性能,而忽略了周围土体与地下结构存在的相互作用,因此不能真实反映地下结构的抗震性能。Shawky[121]开展了世界上首例土-地下结构体系的拟静力试验,对比了普通钢筋混凝土结构与化学植筋混凝土结构的抗震性能,开发了土体和土-结构界面的本构模型。Nam 等[122]在此本构模型的基础上,开展了矩形框架地下结构动力反应的数值分析,初步揭示了箱型地下结构地震破坏机制。

总体来讲,地下结构抗震模型试验的研究目前多集中于普通振动台和离心机振动台两种试验技术上,尽管振动台试验已为地下结构抗震研究工作积累了丰硕的成果,但普通振动台试验中存在的应力失真、离心力振动台试验中存在的缩尺比过小等问题还有待进一步解决。

1.3.3　数值分析

随着计算机技术的飞速发展,采用数值分析的方法研究地下结构抗震问题成为了越来越普遍的手段之一。采用适当的数值模拟技术可再现地下结构真实地震反应，而且数值模拟可以开展不同的计算工况，在验证了数值方法的正确性的基础上可以进一步总结地下结构地震反应特征和规律。较模型试验而言，数值分析技术有较好的经济性和较强的实用性，为研究地下结构抗震机理问题提供了有效的手段。目前有关地下结构动力反应的数值模拟工作可分为动力时程分析方法和简化分析方法。下面分别对各方法研究概况进行简要阐述。

（1）动力时程分析方法。

在地下结构的数值分析方法中，以动力有限元法应用最为广泛。有限元法是将整个土-地下结构体系进行有限元离散并计算其动力反应。如图 1-5 所示，该方法可以模拟各种复杂的人工边界条件，考虑土体和结构的材料非线性问题、土-结构界面的接触非线性问题，不同类型、不同入射角度的地震动输入问题。目前，基于动力时程分析方法开展了大量的地下结构抗震研究工作。

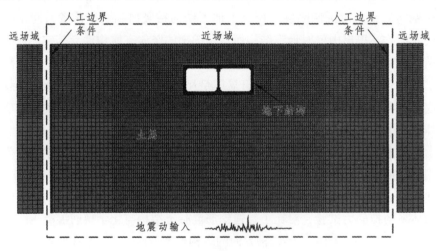

图 1-5　动力有限元分析方法

例如，针对阪神地震中发生整体塌毁破坏的大开车站结构，研究者采用整体数值分析方法研究了车站结构的地震反应规律和破坏机理等问题。例如，马超[123]和杜修力等[124, 125]采用 ABAQUS 软件从地震动作用方式、结构埋深和土体与结构的相对刚度等角度出发，研究了大开车站的地震反应规律，结果表明，水平和竖向地震动联合作用是引起大开车站结构整体塌毁破坏的主要因素。此外，王苏等[126]、刘如山等[127]和邬玉斌[128]通过数值分析也得到类似结论。另一方面，针对在建的实际工程结构，研究者也开展了大量的研究工作。杜修力等[129, 130]和 Xu 等[131]基于地下结构地震反应的二维动力有限元数值分析模型，结合不同场地条件的不同地下结构定量地分析了地震动特性，场地土、结构以及土-结构体系的动力特性和土-结构柔度比对地下结构地震反应的影响。陈健云和何伟等[132, 133]以南京河西软土地区的两层双柱三跨岛式地铁车站结构为例，研究了地震作用下埋深对地下结构位移的影响规律，得出随着埋深的增大，结构的位移反应先增大，当达到一定埋深时结构位移反应随着埋深的增大而减小。李彬等[134]以北京某双层侧式车站结构为例，研究了结构的地震反应特性，得出地震引起的围岩土体变形，是影响地下结构地震反应的决定性因素。庄海洋等[135]和路德春等[136]分别对苏州地铁 1 号线星海广场站进行了地震反应分析，庄海洋等[135]重点关注了结构层间位移，数值模拟结果表明，车站边柱位移角大于中柱位移角；下层柱位移角大于上层柱位移角；路德春等[136]研究还表明，地震波入射角度显著影响结构的地震反应。谷音等[137]以福州在建某双层双柱三跨地铁车站结构为工程背景，重点分析了车站结构在 SV 波及 P 波两种地震荷载作用下的反应，结果表明，当输入地震动为 SV 波、地震波在结构断面所在的平面内振动时，结构的反应最为强烈。Wang 等[138]基于 ANSYS 软件，研究了地震波振动方向、结构埋深及结构之间的位置等因素对地下结构地震反应的影响规律，结果表明，地震波的振动方向和结构之间的位置显著影响结构的地震反应，当地上与地下结构之间的距离超过一定值时，结构之间的相互影响也随之消失。李积栋等[139]以北京地铁 6 号线新华大街大跨度双层地铁车站结构为例，重点研究了 Y 形柱的地震反应规律，研究发现 Y 形柱叉支顶部水平地震反应较其他部位强烈，表现为应力较其他部位大。Zhuang 等[140]以南京在建的两层三跨地铁车站结构为例，重点研究了液化对结构地震反应的影响，数值计算结果表明，当结构周围土体发生液化时，结构周围土体将流动至车站底部，致使结构发生上浮。相对于对大型复杂地下结构的影响，国内外研究者[141-147]在土质隧道地震反应规律方面取得的研究成果更为丰富。研究涉及隧道断面形式、衬砌厚度、管片接头、材料性质、分层土体、断层、并行隧道距离、双层竖向重叠隧道、交叉隧道、地震动入射角度、行波效应及地上结构与隧道耦合作用等因素。

（2）简化分析方法。

动力有限元等数值方法使用比较复杂，尤其是涉及到动力问题和材料的非线性性质时，对操作者的知识水平和计算分析能力要求比较高，因此在目前还不能成为常规工程设计的主流方法[148-150]。在实际工程中有必要在已有震害观测、材料试验、模型试验和理论分析等基础上对计算方法进行简化，以便工程设计人员使用。

地下结构实用抗震分析方法可分为两大类：一是不考虑土-结相互作用的分析方法；二是考虑土-结相互作用的分析方法。早期国内外学者借鉴地面结构的抗震分析方法，提出地震系数法[151]。地震系数法用等效的静力荷载代替随时间变化的地震作用，再用静力方法分析地震作用下的地下结构的内力。该方法由于形式简单，被广泛应用于我国早期铁路隧道的抗震设计中[27]。20 世纪 60 年代，随着地下结构抗震研究工作的不断深入，Newmark 等[152]认为地下结构在地震动作用主要受周围土层变形影响为主，并非地震系数法所述的惯性力。根据这一特点，Wang 等[153]和 Hashash 等[36]提出了自由场变形法，通过弹性波动理论或数值方法[154-157]计算自由场的变形后便能确定地下结构的地震反应。以上两种方法均忽略了地震荷载作用下土与结构之间的相互作用，因此在计算结果上存在一定的误差。

在自由场变形法的基础之上，Penzien 等[158]根据地震波动分析的基本思想以及地下结构地震时变形与周围岩土介质地震变形相互协调的地震观测结果建立了柔度系数法，该方法通过引入土-结构相互作用系数来反映土与结构之间的相互作用。随后，各国学者通过大量的现场观测、试验研究和理论分析，对地下结构在地震作用下的动力反应特性进行了研究，结果也都表明地下结构在地震作用下跟随周围土层一起运动，其位移、速度和加速度等结构反应均与周围土层基本一致[159, 160]，根据地下结构在地震中的这一响应特征日本学者提出反应位移法[161]。反应位移法将地下结构的横断面模型化为框架式结构，周围施加上地基弹簧，将结构深度方向的位移差作为地震荷载施加在弹簧上，以此来计算结构的内力反应。刘晶波等[162, 163]在此基础上提出整体式反应位移法，进而消除了地基弹簧刚度系数的确定带来的计算误差。为更准确反映地下结构与周围土体之间的相互作用，国内外学者提出并发展了反应加速度法[164, 165]。反应加速度法在对土-结构系统施加地震作用时考虑了惯性力和阻尼力的共同影响，相对来说理论基础较为完备。

上述实用分析方法只适用于研究弹性结构在地震荷载作用下的反应，不能准确模拟地下结构的实际地震反应。在反应加速度法基础之上，借鉴地上结构静力弹塑性分析方法的思路并结合地下结构地震反应特点，刘晶波等[166-168]提出地下结构 Pushover 分析方法。采用 Pushover 分析方法对地下结构进行抗震分析时，可以考虑强震作用下土体与结构的非线性，从而实现罕遇地震作用的弹塑性分析，预测地下结构构件弹性-开裂-屈服-弹塑性-承载力下降的全过程，判断塑性铰出现的顺序和分布以及结构的薄弱环节等，并最终获得地下结构完整的能力曲线[169,170]。地下结构 Pushover 分析方法可以考虑土体与结构的非线性，是揭示地下结构地震破坏的重要手段，也是今后地下结构实用抗震分析方法的重要发展方向。本书第 4 章将对地下结构横断面抗震简化分析方法进行详细介绍。

1.4 本书的内容安排

本书以地铁地下结构为研究对象，采用理论分析和数值模拟手段对典型车站结构和区间隧道结构的横断面抗震问题进行了深入研究。本书共分为 7 章，各章的主要研究内容如下：

第 1 章简要阐述了本书的研究背景和意义，对地下结构震害特点进行了总结，系统介绍了地下结构抗震研究工作的现状以及目前需要解决的关键问题，提出了本书的研究内容和研究目标。

第 2 章基于等效线性化理论提出一种土-地下结构整体动力时程分析方法，给出了通过等效线性化方法迭代的参数确定动力时程分析方法中土体材料参数的方法，通过工程实例验证了本书方法的合理性。另一方面，通过对某一成层场地在不同地震动作用下的动力反应分析，比较了目前工程上常用瑞利阻尼构建方法的时域计算结果和频域等效线性化计算结果，探讨了由频域分析中的滞回阻尼比构建时域分析中瑞利阻尼系数的新方法。在此基础上，对比研究了不同瑞利阻尼构造方法对某单层双跨地下车站结构地震反应的影响。

第 3 章基于本书建立的完备的土-结构整体动力时程分析方法，分别选取地震动作用方式、场地和地下结构动力特性、场地和地下结构相对刚度、地下结构埋深及场地和地下结构接触面特性等影响因素，从数值分析的角度系统地研究了其对典型矩形框架式地下结构地震反应的影响规律。

第 4 章系统介绍目前国内外常见的地下结构抗震简化分析方法，包括地震系数法、自由场变形法、柔度系数法、反应位移法、反应加速度法和地下结构Pushover 分析方法。针对各分析方法的计算模型、关键参数、优缺点及存在的问题进行了较为系统的评述。最后采用这些简化分析方法计算了某单层双跨地下结构在三条不同地震记录下的动力反应，并与严格的动力时程分析方法结果进行了比较，分析了各种方法在计算结构变形和截面内力方面的计算精度，为进一步发展和完善现有的地下结构抗震简化分析方法提供参考。

第 5 章在地下结构抗震分析与设计中常用的反应位移法的基础上，对结构的计算范围进行扩展，将任意断面的地下结构扩展成矩形的广义子结构，提出广义反应位移法。另外，在传统反应加速度法的基础上，选取结构及其周边范围部分土体进行分析，提出局部反应加速度法。结合马蹄形断面和圆形断面地下结构工程实例，对比分析了广义反应位移法和局部反应加速度法计算结果，验证了新方法在地下结构抗震设计方面的可行性和有效性。

第 6 章基于传统反应位移法和整体式反应位移法的计算模型，提出了考虑上覆土体竖向惯性力效应的浅埋地下结构地震反应分析的惯性力-位移法和整体式惯性力-位移法。通过与动力分析方法和传统反应位移法计算结果的比较，验证了本书方法的计算精度和合理性。通过建立构件和土-结构体系的 Pushover 分析模型，揭示了大开车站结构的地震破坏机理。

第 7 章对本书的研究工作进行总结，并对后续研究工作做了初步展望。

2

土-地下结构整体动力时程分析方法

2.1　引　言

地下结构抗震分析方法包含简化分析方法和整体动力时程分析方法两大类。其中，地下结构抗震简化分析方法的土层地震反应分析多采用等效线性化方法，一般需给出土体的动剪切模量比和动阻尼比随动剪应变的变化曲线，计算效率较高；土-地下结构的整体动力时程分析方法中土体或直接采用线弹性模型或采用莫尔-库伦模型。如果需要将简化分析方法和严格的动力时程分析方法进行对比时，由于两者模型参数的不一致，难以客观评价简化方法的适用性和计算精度。因此，减少因土体本构模型选取的不同所带来的分歧，是地下结构抗震研究中需要进一步研究的问题。

本章充分利用等效线性化方法在土层地震反应分析方面的优势，并在此基础上，提出一种基于等效线性化理论的土-结构整体动力时程分析方法，给出了通过等效线性化方法迭代的参数确定动力时程分析方法中土体材料参数的方法。将该方法应用于地铁车站的横断面抗震分析中，并与土体直接采用非线性的 Davidenkov 模型进行的动力时程分析方法对比，验证了本书方法的合理性。另一方面，考虑到动力时程分析中结构地震反应的计算精度很大程度上取决于瑞利阻尼系数的确定，本章通过对某一成层场地在不同地震动作用下的动力反应分析，比较了目前工程上常用瑞利阻尼构建方法的时域计算结果和频域等效线性化计算结果，探讨了由频域分析中的滞回阻尼比构建时域分析中瑞利阻尼系数的新方法。在此基础上，对比研究了不同瑞利阻尼构造方法对某单层双跨地下车站结构地震反应的影响。

2.2　一维土层地震反应分析的等效线性化方法

一维土层在给定输入基底地震动下的动力反应分析可以在时域中进行，通常采用时域逐步积分方法，如 DEEPSOIL、DMOD2000 和 PLAXIS 等；也可以在频域中进行，通常采用等效线性化方法，如 SHAKE 91、LSSRLI-1 和 EERA等。在进行时域分析时，一般采用黏滞阻尼假设，即阻尼力与质点运动速度成正比，通过求解实系数微分方程组可求得整个地震时程中各自由度反应。而频域内的等效线性化方法一般采用复阻尼假定，通过求解复代数方程组可获得土层地震反应的稳态解。

一般来讲，工程中场地土层的力学性质沿水平方向的变化比沿深度方向的变化小，所以在估算土层地震反应时，通常假定土层为水平成层的均匀介质，土层的力学性质只沿深度方向变化。同时，假定输入的地震动是垂直向上入射的平面剪切波，因此，土层地震反应问题通常被简化为一维波动问题进行处理。对于一维土层地震反应，工程上广泛采用的是覆盖在均匀弹性基岩半空间之上的成层均匀、各向同性的土层模型，如图 2-1 所示，假设第 n 层的厚度、密度和剪切模量分别为 h_n、ρ_n 和 G_n，n=1，2，$\cdots$，N。地震动为从基岩半空间内自下而上垂直入射的剪切波。

对于一维土层地震反应分析模型，其频域内的节点运动方程可以表示为

$$[(1+2\zeta i)[K] - \omega^2[M]]\{U\} = \{P\} \tag{2-1}$$

式中：ζ 为滞回阻尼比；ω 为频率；$[M]$ 和 $[K]$ 分别为质量矩阵和刚度矩阵；$\{U\}$ 为位移向量；$\{P\}$ 为等效地震荷载向量。

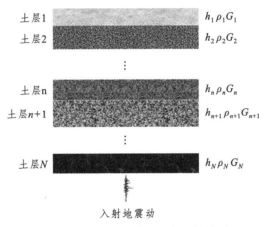

图 2-1　一维土层地震反应分析模型

其中，频域本构方程为

$$T = \mu^* \Gamma \tag{2-2}$$

$$\mu^* = (1 + 2\zeta i)\mu \tag{2-3}$$

式中：T 和 Γ 分别为应力 τ 和应变 γ 的傅里叶变换；μ 和 μ^* 分别为介质的弹性模量和复弹性模量。

式（2-2）和式（2-3）的频域本构方程是通过时域本构方程进行相应的傅里叶变换得到的，是基于线性滞回阻尼理论，因此仅对线性问题才有意义。实际地震过程中，土体往往表现出一定的非线性效应。而在非线性条件下，叠加原理不成立，土层的非线性地震反应不能利用傅里叶变化通过叠加各个频率的稳态解求得。

为此，引入采用等效线性化解法，其基本思想为：当真实地震动穿过土层时，由于土体承受极不规则的循环往复荷载，在应力应变平面上会呈现复杂的滞回曲线，用平均意义上的一条等效的稳态回线近似地表示所有回线的平均关系，以此作为一种简单的处理方法。如图 2-2 所示，这条等效的稳态回线的应变振幅称为等效应变振幅 $\bar{\Gamma}$，根据土的剪切模量和滞回阻尼比随应变振幅的变化关系求得土层的等效剪切模量和阻尼比，从而将土层地震反应的非线性问题简化为线性问题求解。

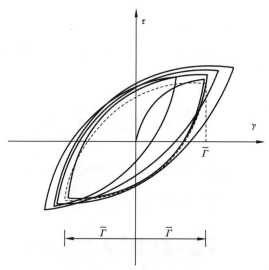

图 2-2　等效线性化示意

一般取等效应变振幅为

$$\bar{\Gamma} = 0.65\gamma_{n,\max} \tag{2-4}$$

式中：$\gamma_{n,\max}$ 为第 n 层中点剪应变的最大值。

土层等效动剪切模量 $\bar{G}_{nd}$ 和等效滞回阻尼比 $\bar{\zeta}_n$ 可表示为

$$\bar{G}_{nd} = \bar{G}_d(\bar{\Gamma}_n)G_n \tag{2-5}$$

$$\bar{\zeta}_n = \zeta(\bar{\Gamma}_n) \tag{2-6}$$

等效线性化方法的计算流程如下[171]：

（1）假定各土层中点的初始等效剪应变，根据给定的剪切模量-剪应变关系和阻尼比-剪应变关系曲线计算初始的等效剪切模量和等效阻尼比。

（2）用快速傅里叶变换确定输入加速度傅里叶谱，进而确定相应的输入位移傅里叶谱。

（3）根据土层地震反应稳态解计算各层中点的剪应变。

（4）取各层中点最大剪应变值的65%确定各层中点的等效剪应变，进而根据给定的剪切模量-剪应变关系和阻尼比-剪应变关系曲线确定等效剪切模量和等效阻尼比。

（5）检查计算得到的剪切模量和阻尼比与计算所用的剪切模量和阻尼比的相对误差是否小于给定误差允许值，误差允许值通常取0.05。

（6）如果相对误差满足精度要求，则计算第 n 层顶面的加速度傅里叶谱，并利用快速傅里叶变换计算出相应的加速度时程；如果检查结果不满足精度要求，则需要重复第（2）~（5）步，直至相对误差满足精度要求。

2.3 土-结构整体动力时程分析方法关键问题

基于等效线性化的土-地下结构整体动力时程分析方法就是建立地下结构和场地的整体分析模型，其中土体的材料参数是通过频域分析的等效线性化方法确定。通过等效线性化的方法确定的动力时程分析模型和一般的动力时程分析模型的区别在于土体是等效线性的，这样可以减少计算时间、减少土体模型选取的不同所带来的分歧。

等效线性模型是基于黏弹性理论的，即用黏弹性模型来反映土体在极不规则的地震荷载作用下的滞回性能。土体能量损耗（即阻尼比）随剪应变变化的特性和滞回曲线斜率（即剪切模量）随剪应变变化的特性通过改变模型的参数来反映。也就是说，基于等效线性化的土-地下结构整体动力时程分析方法中土体是通过采用等效线性模型来考虑其非线性的，其中包括几个具体的关键问题：正确地反映模量和阻尼比随应变水平的变化，即土体等效模量的取值；正确地反映阻尼的作用；合理地设置人工边界条件等。

2.3.1 剪切模量、阻尼比随剪应变的变化

从上述一维场地地震反应分析的等效线性化方法的计算过程可知，土体的等效剪切模量和等效阻尼比是根据土体的等效剪切模量和剪切模量、阻尼比随剪应变的变化曲线计算确定，通过更新土体材料参数重复进行计算直到土体材料参数取值满足相应的精度要求。因此，剪切模量、阻尼比随剪应变的变化曲线是等效线性化方法的关键问题之一，图2-3给出了一种典型土体的剪切模量比和阻尼比随剪应变的变化关系，其中包含以下关键参数。

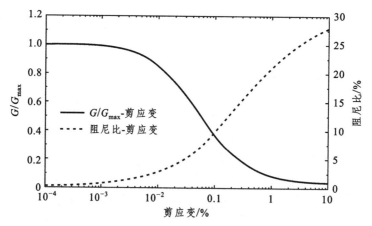

图 2-3　剪切模量比、阻尼比随剪应变的变化曲线

1. 最大动剪切模量

确定最大动剪切模量 $G_{\max}$ 主要有三种途径。

（1）利用土的物理参数和土的应力状态根据经验公式估计得到。不同类型的土质其经验公式稍有区别，具体可参考表 2-1 所列举的常用经验公式。

表 2-1　经验公式

文献	公式	说明
[172]	$G_{\max} = 625\dfrac{OCR^k}{0.3+0.7e^2}P_a\left(\dfrac{\sigma_c'}{P_a}\right)^{0.5}$	适用于各类土。式中：OCR 为超固结比；P_a 为大气压力；e 为孔隙比；σ_c' 为初始有效固结应力；k 为与塑性指数有关的系数
[173]	$G_{\max} = 21.7K_{\max}P_a\left(\dfrac{\sigma_c'}{P_a}\right)^{0.5}$	适用于砂土。式中：$K_{\max}$ 为取决于砂土的相对密实度或修正标准贯入锤击数
[173]	$G_{\max} = 2\,200S_u$	适用于黏土。式中：S_u 为固结不排水剪切强度
[174]	$G_{\max} = 580\dfrac{(2.17-e)^{2.2}}{1+e}\sigma_a$	适用于砂土。式中：σ_a 为有效围压
[175]	$G_{\max} = \dfrac{358-3.8I_p}{0.4+0.7e}\sigma_c'$	适用于海洋软土。式中：I_p 为塑性指数
[176]	$G_{\max} = \left[a_1 + a_2e^{(-a_3I_p)}\right]P_a\left(\dfrac{\sigma_c'}{P_a}\right)^{0.5}$	适用于各类土。式中：a_1、a_2 和 a_3 为与初始有效固结应力有关的参数
[177]	$G_{\max} = K_{\max}P_a\left(\dfrac{\sigma_c'}{P_a}\right)^n$	适用于新近沉积土。式中：n 为与土性有关的拟合参数

（2）通过室内试验确定，常用测定土的动剪切模量的试验仪器有共振柱、动三轴和扭剪仪等，其中共振柱方法较为可靠。动三轴试验得到轴向动应力和轴向动应变，转化为动剪切模量和动剪应变，利用动剪应变趋于 0 时的剪切模量得到最大动剪切模量。扭剪仪可以通过扭矩计算出剪应力，通过旋转角度计算出剪应变，然后就可以得到割线剪切模量，取出最值即可。

（3）直接在现场开展剪切波速的测试进行确定。根据波动理论，最大剪切模量的计算公式如下：

$$G_{\max} = \rho v_s^2 \tag{2-7}$$

式中：ρ 为土层的密度，v_s 为土层的剪切波速。

2. 最大剪应变及等效剪应变

常用的一维等效线性化方法中，可以直接求出最大剪应变。在二维模型里面，土体单元一般采用平面应变单元，平面应变单元的形状一般是三角形、矩阵、四边形，并且都采用等参数单元。在平面单元中，可以直接得到单元结点或高斯积分点处的应变状态，如图 2-4 所示。从图 2-4 中可以看出，该点处的剪应变 ε_{xy}（$\gamma_{xy}/2$）或 ε_{yx}（$\gamma_{yx}/2$）的最大值并不是该点处的最大剪应变，该点处的最大剪应变是应变摩尔圆的直径长度。

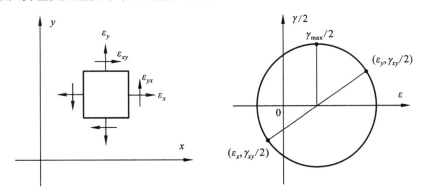

图 2-4　二维模型中某点应力状态

有了最大剪应变，就可以利用折减系数乘以最大剪应变得到等效剪应变，如图 2-2 所示。对于地震作用而言，折减系数通常取 0.65，带有很大的经验性和主观性。因此，许多研究者对折减系数进行了修正，这里介绍两种常见的修正途径。其一是通过地震震级来修正，例如 Shake 程序认为折减系数应随地震的大小而改变。震级为 7 级时，折减系数取 0.6；震级为 8 级时，折减系数取 0.7。

采用震级调整等效剪应变的幅值操作简单，容易在工程上推广使用。其二是基于土的剪切模量和阻尼比的频率相关性确定等效剪切模量。事实上，这两种修正途径的思路是相同的：前者认为震级越小时，其产生的地震动频率越高，折减系数越小；震级越大时，其产生的地震动频率越低，折减系数越大。后者认为高频段时折减系数取小值；低频段时折减系数取大值。总体上来说，前者缺乏理论依据，并且相关参数不易确定，后者较为复杂，且需要确定的经验性参数较多。因此，在工程实践中仍保留了折减系数直接取为 0.65 的常规做法。

3. 剪切模量、阻尼比随剪应变变化的经验曲线

对于地下结构抗震设计而言，剪切模量、阻尼比随剪应变的变化曲线可直接采用场地工程地震条件调查提供的实际工程地质钻孔数据。一般来讲，剪切模量、阻尼比随剪应变的变化曲线的影响因素是很多的，具体可参考表2-2。陈国兴等[176]对国内外的研究成果进行了总结，得到一些规律：一般对无黏性土影响较小，对黏性土影响较大，因此砂土的经验曲线结果相对集中，黏性土的试验结果离散较大；对于不同的黏性土，塑性指数和孔隙比对经验曲线有相似的影响，但塑性指数可得到更加一致的试验结果。

表 2-2　影响因素及程度

增大因素	最大剪切模量	剪切模量比	阻尼比
侧限压力	增大	不变或小幅增大	减小或不变
孔隙比	减小	增大或不变	减小或不变
相对密度	增大	减小或不变	可能无影响
超固结比	增大	无影响	无影响
塑性指数	增大或不变	增大	减小
循环剪应变	—	减小	增大
地质年代	增大	可能增大	减小
胶结程度	增大	可能增大	可能减小
应变率	增大	可能无影响	可能增大
荷载循环次数	减小，但可逐步恢	减小	不明显

2.3.2　阻尼的作用

等效线性化中土体的非线性采用等效线性模型，其中假定阻尼力的大小与

位移幅值成正比，而与速度同相，阻尼与频域无关。当进行时域分析时，土层节点的运动平衡方程可以表示为

$$[M]\{\ddot{u}\}_t + [C]\{\dot{u}\}_t + [K]\{u\}_t = -[M]\{\ddot{u}_g\}_t \qquad (2\text{-}8)$$

式中：$[M]$、$[C]$ 和 $[K]$ 分别为体系的质量矩阵、阻尼矩阵和刚度矩阵；$\{\ddot{u}\}_t$、$\{\dot{u}\}_t$ 和 $\{u\}_t$ 分别为各节点 t 时刻相对于基岩的相对加速度、相对速度和相对位移向量；$\{\ddot{u}_g\}_t$ 为 t 时刻底部基岩输入的加速度。时域分析中土体介质阻尼一般采用瑞利阻尼形式，即

$$C = \alpha M + \beta K \qquad (2\text{-}9)$$

该阻尼是一种正交阻尼，有利于在时域逐步积分中的运用。一维土层时域分析时，通常采用与结构动力计算中一样的假定，即

$$\begin{Bmatrix} \alpha \\ \beta \end{Bmatrix} = \frac{2\omega_i\omega_j}{\omega_j^2 - \omega_i^2} \begin{bmatrix} \omega_j & -\omega_i \\ -\dfrac{1}{\omega_j} & \dfrac{1}{\omega_i} \end{bmatrix} \begin{Bmatrix} \zeta_i \\ \zeta_j \end{Bmatrix} \qquad (2\text{-}10)$$

式中：ζ_i 和 ζ_j 为覆盖土层振型阻尼比。对于任意阶振型阻尼比 ζ_n，可以通过 α、β 及相应的自振频率 ω_n 表示。

$$\zeta_n = \frac{\alpha}{2\omega_n} + \frac{\beta\omega_n}{2} \qquad (2\text{-}11)$$

从式（2-11）可以看出，时域计算中的阻尼比是与频率相关的。借助一维场地地震反应分析的等效线性化方法可以获得不同土层的等效阻尼比 $\bar{\zeta}_n$[157]，因此，在构造时域分析方法的瑞利阻尼时可以假定 $\zeta_i = \zeta_j = \bar{\zeta}_n$，则由式（2-11）可得：

$$\begin{Bmatrix} \alpha \\ \beta \end{Bmatrix} = \frac{2\bar{\zeta}_n}{\omega_i + \omega_j} \begin{bmatrix} \omega_i\omega_j \\ 1 \end{bmatrix} \qquad (2\text{-}12)$$

由式（2-12）可知，瑞利阻尼系数可通过选取适当的目标频率进行计算。围绕瑞利阻尼系数的取值，国内外学者也提出了不同的确定方法[178-183]，包括只需一个目标频率的简单形式的瑞利阻尼和需要两个目标频率的完整形式的瑞利阻尼以及相应的改进方法。下文将详细阐述根据不同目标频率构建瑞利阻尼系数的方法。

1. 简单形式瑞利阻尼

所谓简单形式瑞利阻尼，是假定式（2-11）瑞利阻尼的两个部分对阻尼的贡

献相同，即

$$\frac{\alpha}{2\omega} = \frac{\beta\omega}{2} = \frac{\zeta}{2} \tag{2-13}$$

由式（2-12）可进一步将瑞利阻尼的两个系数 α 和 β 表示为

$$\alpha = \zeta\omega \tag{2-14}$$

$$\beta = \frac{\zeta}{\omega} \tag{2-15}$$

采用简单形式瑞利阻尼只需要选取一个频率作为目标频率，并结合等效线性化方法确定的各土层频率无关阻尼比即可确定瑞利阻尼的两个系数，此时阻尼比与频率的关系曲线如图 2-5 所示。从图 2-5 可以看出，等效线性化方法确定的频率无关阻尼比是进行动力计算时采用的瑞利阻尼比的最小值，也就是说此方法高估了所有频率范围内的阻尼比，可能会导致结构动力反应偏低。

对于本书研究而言，在构建简单形式瑞利阻尼时分别选取输入地震动傅里叶振幅谱的卓越频率和形心频率作为目标频率。其中，卓越频率 ω_e 为地震动傅里叶振幅谱峰值所对应的频率，形心频率 ω_c 的定义如下：

$$\omega_c = \frac{\int_0^\infty \omega A(\omega)\mathrm{d}\omega}{\int_0^\infty A(\omega)\mathrm{d}\omega} \tag{2-16}$$

式中：ω 为频率；$A(\omega)$ 为对应频率的幅值。

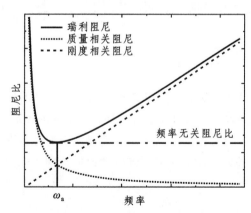

图 2-5　简单形式瑞利阻尼

2. 完整形式瑞利阻尼

如果完整考虑瑞利阻尼的两个部分，在选定的两个目标频率 ω_a 和 ω_b 的情况下，可将 α、β 表示为

$$\alpha = 2\zeta \frac{\omega_a \omega_b}{\omega_a + \omega_b} \tag{2-17}$$

$$\beta = 2\zeta \frac{1}{\omega_a + \omega_b} \tag{2-18}$$

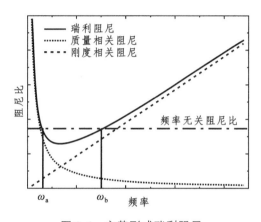

图 2-6　完整形式瑞利阻尼

采用此方法需要选取两个频率作为确定瑞利阻尼系数的目标频率，并结合各土层等效线性化方法确定的频率无关阻尼比即可确定瑞利阻尼的两个系数，此时阻尼比与频率的关系曲线如图 2-6 所示。从图 2-6 可以看出，这种方法低估了目标频率 ω_a 和 ω_b 之间的阻尼，高估了目标频率 ω_a 和 ω_b 之外的阻尼。在频率范围 ω_a 和 ω_b 内，质量阻尼系数对于临界阻尼比的贡献相对较小，因此在许多实际问题中，对于质量相关的阻尼可以忽略不计。

目前，考虑完整形式的瑞利阻尼常用的两个目标频率主要有：

（1）场地的第一阶和第二阶自振频率；

（2）场地的第一阶自振频率和输入地震动的傅里叶振幅谱的卓越频率；

（3）场地的第一阶自振频率和输入地震动的傅里叶振幅谱的形心频率。

此外，为综合考虑场地自振特性和地震动频谱特性等多方面因素，本书提出以场地第一阶自振频率作为第一个目标频率，以输入地震动的傅里叶振幅谱的卓越频率和形心频率的平均值作为第二个目标频率。

3. 改进完整形式瑞利阻尼

Hudson 等[184]针对仅采用基频确定阻尼系数的缺点进行了适当的改进,确定了新的瑞利阻尼系数取值方法:采用了 ω_m 和 ω_n 两个频率来确定 α 和 β,ω_m 取为场地的第一阶自振频率 ω_1,ω_n 取为 $n\omega_1$,n 为大于 ω_e/ω_1 的奇数,ω_e 为输入地震动的卓越频率。因此,α 和 β 可以表示为

$$\alpha = 2\zeta \frac{n\omega_1}{n+1} \tag{2-19}$$

$$\beta = 2\zeta \frac{1}{(n+1)\omega_1} \tag{2-20}$$

这种改进可以同时考虑场地的频率特性和地震动的频谱特性,而简单形式的瑞利阻尼则可认为是该方法的特例,即当 $\omega_e < \omega_1$ 时,n 取为 1。但该方法同样存在对两个目标频率之间范围内低估场地阻尼的缺陷。因此,在完整形式瑞利阻尼的基础上,Yoshida 等[179]进行了改进,令

$$\frac{\mathrm{d}\zeta}{\mathrm{d}\omega} = -\frac{\alpha}{2\omega^2} + \frac{\beta}{2} = 0 \tag{2-21}$$

可以得到

$$\omega = \sqrt{\alpha/\beta} \tag{2-22}$$

将式(2-22)代入式(2-11),可以得到阻尼比最小值

$$\zeta_{\min} = \sqrt{\alpha\beta} \tag{2-23}$$

在选定的频率范围边界处阻尼比可表示为

$$\left. \begin{aligned} \zeta_{\max} &= \frac{\alpha}{2\omega_a} + \frac{\beta\omega_a}{2} \\ \zeta_{\max} &= \frac{\alpha}{2\omega_b} + \frac{\beta\omega_b}{2} \end{aligned} \right\} \tag{2-24}$$

并作如下定义:

$$\zeta_0 = (\zeta_{\max} + \zeta_{\min})/2 \tag{2-25}$$

式(2-11)可以解出修正后敏感频段(ω_a',ω_b'),通过 ω_a'、ω_b' 和 ζ_0 可以确定修正后的瑞利阻尼系数。此时阻尼比与频率的关系曲线如图 2-7 所示。从图 2-7 可以看出,修正后的瑞利阻尼可以部分弥补所低估的 ω_a 和 ω_b 之间的阻尼。本章

后续讨论的瑞利阻尼系数计算方法汇总如表 2-3 所示。

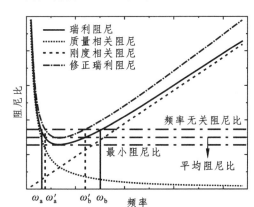

图 2-7　修正完整形式瑞利阻尼

表 2-3　瑞利阻尼系数计算方法汇总

方法	瑞利阻尼	目标频率
S-1	简单形式	ω_e
S-2		ω_c
F-1		ω_1，ω_2
F-2	完整形式	ω_1，ω_e
F-3		ω_1，ω_c
M	修正完整形式	ω_1，$n\omega_1$
N	完整形式	ω_1，$(\omega_e + \omega_c)/2$

　　有了上述关系，在地下结构抗震设计的等效线性化分析方法中，就可以只在初次的等效线性化计算时，确定材料的等效模量和对应的瑞利阻尼系数，省掉了动力计算过程中每一步的迭代过程，使得计算过程更为简单。

2.3.3　人工边界条件

　　与频域分析所不同的是，动力时程分析的有限元计算模型不可能选取无限大区域，只能截取其中的一部分进行计算，在截断位置处需要设置边界来处理，即人工边界。人工边界的早期思想是远置人工边界方法，即将人工边界设置在离结构足够远的位置，以此来消除其对结构产生的影响。之后的研究工作主要包括两方面，一类是全局人工边界条件，它使穿过人工边界任一点的外行波满足无限域内所有的场方程和物理边界条件，是无限域精确的模拟；另一类是局部人工边界条件，它使射向人工边界任一点的外行波从该点穿出边界，是对无限域的近似模拟[185]。

本书提出的地下结构抗震设计的等效线性化分析方法在计算时，顶面取至地表，底面采用固定边界，两侧面采用自由场边界条件，以模拟地震能量向两侧方向无限远处的逸散。该自由场边界条件的设置及动力输入包括：土体底部固定，在土体水平侧边界节点处设置弹簧和阻尼器；在除底部边界以外的所有有限元节点上施加基岩加速度等效的惯性力，侧边界节点处施加自由场作用反力及近场域克服人工边界约束运动而产生的作用反力[186]。对于黏弹性边界上任一点 l 的运动方程可表示为

$$m_l \ddot{\overline{u}}_{li} + \sum_n \sum_j (c_{linj} + \delta_{ln}\delta_{ij}A_l c_{li})\dot{\overline{u}}_{li} + \sum_n \sum_j (k_{linj} + \delta_{ln}\delta_{ij}A_l k_{li})\overline{u}_{li} = -m_l \ddot{u}_{li}^{\mathrm{g}} + f_{li}^{\mathrm{f}} + f_{li}^{\mathrm{b}} \quad (\,2\text{-}26\,)$$

式中：m_l 为节点 l 的集中质量；A_l 为节点 l 黏弹性边界应力作用的范围；$\ddot{\overline{u}}_{li}$、$\dot{\overline{u}}_{li}$ 和 $\overline{u}_{li}$ 分别为节点相对基岩的加速度、速度和位移；c_{linj} 和 k_{linj} 分别为节点 n 方向 j 对于节点 l 方向 i 的阻尼系数和弹簧刚度；$\delta_{ij} = 1(i = j)$，$\delta_{ij} = 0(i \neq j)$；$m_l \ddot{u}_{li}^{\mathrm{g}}$ 项为施加在 l 节点 i 方向上的惯性力；$f_{li}^{\mathrm{B}} = f_{li}^{\mathrm{f}} + f_{li}^{\mathrm{b}}$，其中，$f_{li}^{\mathrm{b}} = A_l (c_{li}\dot{u}_{li}^{\mathrm{f}} + k_{li}u_{li}^{\mathrm{f}})$，是边界节点运动时由黏弹性边界效应所引起的作用反力，u_{li}^{f} 及 $\dot{u}_{li}^{\mathrm{f}}$ 为自由场动力位移反应和速度反应，f_{li}^{f} 为反映自由场边界效应的等效节点力，其计算方法如表 2-4 所示。

表 2-4　等效节点力计算

地震作用方向	等效节点荷载
水平地震动	左边界： $f_{x(j)}^{\mathrm{b}} = A(k_{\mathrm{b}}u_x^j + c_{\mathrm{b}}\dot{u}_x^j)$ $f_{y(j)}^{\mathrm{f}} = -A\tau_{xy} = -A\left[\dfrac{G}{\mathrm{d}y}(u_x^i - u_x^j) + \dfrac{1}{2}\rho\mathrm{d}y\ddot{u}_x^j\right]$ 右边界： $f_{x(j)}^{\mathrm{b}} = A(k_{\mathrm{b}}u_x^j + c_{\mathrm{b}}\dot{u}_x^j)$ $f_{y(j)}^{\mathrm{f}} = A\tau_{xy} = A\left[\dfrac{G}{\mathrm{d}y}(u_x^i - u_x^j) + \dfrac{1}{2}\rho\mathrm{d}y\ddot{u}_x^j\right]$

续表

地震作用方向	等效节点荷载

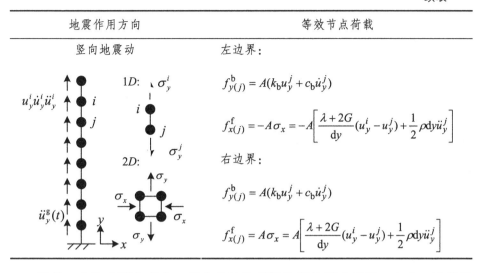

竖向地震动

左边界：

$$f_{y(j)}^{\mathrm{b}} = A(k_{\mathrm{b}}u_y^j + c_{\mathrm{b}}\dot{u}_y^j)$$

$$f_{x(j)}^{\mathrm{f}} = -A\sigma_x = -A\left[\frac{\lambda+2G}{\mathrm{d}y}(u_y^i - u_y^j) + \frac{1}{2}\rho\mathrm{d}y\ddot{u}_y^j\right]$$

右边界：

$$f_{y(j)}^{\mathrm{b}} = A(k_{\mathrm{b}}u_y^j + c_{\mathrm{b}}\dot{u}_y^j)$$

$$f_{x(j)}^{\mathrm{f}} = A\sigma_x = A\left[\frac{\lambda+2G}{\mathrm{d}y}(u_y^i - u_y^j) + \frac{1}{2}\rho\mathrm{d}y\ddot{u}_y^j\right]$$

目前，有许多研究者和工程人员认为截断边界的影响只是一个人工边界处理问题，仅采用人工边界条件模拟截断边界对辐射能量的影响，而忽略自由场效应的影响是不合理的。

2.3.4 土-结构整体动力时程分析实现流程

等效线性方法多用在土层的地震分析中，现有的可做等效线性方法的程序一般是基于频域的，并且多针对土层分析，不包含结构。大型通用的有限元程序，功能强大，但一般不包括等效线性方法，使用时，要么人为控制循环，即重复做多个工况，处理数据很多，耗时易错；要么进行二次开发，加入等效线性方法，但不宜推广。因此，有必要基于等效线性方法的原理，实现土-地下结构整体动力分析方法，使得该法可以在时域中进行，并且可以考虑结构及自由场人工边界条件等。

土-结构整体动力时程分析方法实现过程可以分为两个主要部分：一是通过频域等效线性化程序（本书指 EERA）和大型通用有限元软件（本书指 ABAQUS）共同确定土体的材料参数；二是通过大型通用有限元软件对土-结构整体分析模型进行动力时程分析。土-结构整体动力时程分析方法实现过程如图 2-8 所示，具体叙述如下：

（1）采用 EERA 建立一维土层等效线性化模型。对给定的基岩地震动进行频域求解，通过迭代运算（一般 8 次即可），获得不同深度位置土层的等效剪切模量和等效阻尼比。

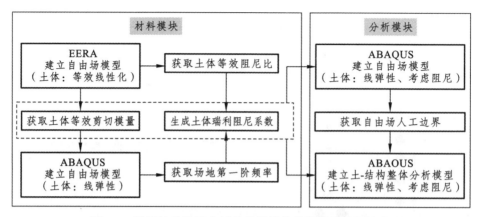

图 2-8　地下结构抗震分析等效线性化分析方法实现流程

（2）采用 ABAQUS 建立等效后一维土层频率分析模型。这一步骤需要将 EERA 迭代的等效剪切模量和土体的泊松比作为材料参数进行输入，通过设置 ABAQUS 中的频率提取分析步得到土体的振型和固有频率。

（3）构造基于单元的瑞利阻尼。步骤（1）通过等效线性化分析获得了不同土层的等效阻尼比，步骤（2）通过频率提取分析获得了等效后自由场的固有频率，这里选用自由场第一阶自振频率、地震动卓越频率和形心频率及等效阻尼比按 2.2.2 节中所介绍的瑞利阻尼构造方法进行计算，确定不同土层的瑞利阻尼系数。

（4）采用 ABAQUS 建立等效后一维土层动力时程分析模型。这一步骤需要将 EERA 迭代的等效剪切模量和土体的泊松比及步骤（3）构造的瑞利阻尼系数作为材料参数进行输入，通过设置 ABAQUS 中的动力分析步完成时域内的一维土层地震反应分析。

（5）采用 ABAQUS 建立土-结构整体动力时程分析模型。这一步骤同样需要将 EERA 迭代的等效剪切模量和土体的泊松比及步骤（3）构造的瑞利系数作为材料参数进行输入，同时土-结构整体分析模型还需要设置步骤（4）计算得到的自由场边界条件，通过设置 ABAQUS 中的动力分析步完成时域内的土-结构整体地震反应分析。

2.4　土-结构整体动力时程分析方法实例验证

2.4.1　计算模型与参数

本节开展地下结构地震反应实例分析，本节以某单层双跨地铁车站作为研究对象，其横断面如图 2-9 所示。结构埋深 5 m，结构材料采用 C30 混凝土，弹性模量取为 3×10^4 MPa，密度取为 2.5×10^3 kg/m³，考虑中柱在车站纵向是等间距（3.5 m）分布，等效后的中柱弹性模量取为 8.57×10^3 MPa，密度取为 7.14×10^2 kg/m³。

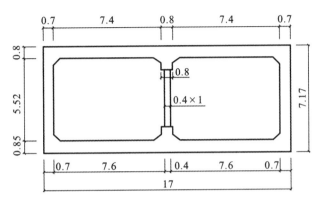

图 2-9　车站结构几何尺寸（单位：m）

为了更好地验证本书方法的计算效果，以土体材料选用目前应用较为广泛的 Davidenkov 模型的动力时程分析方法作为对比。该模型的数学表达式为[177]：

$$H(\gamma_{\mathrm{d}}) = \left[\frac{(\gamma_{\mathrm{d}}/\gamma_0)^{2B}}{1+(\gamma_{\mathrm{d}}/\gamma_0)^{2B}}\right]^{A} \tag{2-27}$$

$$G_{\mathrm{d}}/G_{\max} = 1 - H(\gamma_{\mathrm{d}}) \tag{2-28}$$

根据 Mashing 法则可构造相应的滞回曲线，经推导可进一步得出土体阻尼比计算公式：

$$\zeta_{\mathrm{d}} = \frac{2}{\pi}\left\{\frac{\gamma_{\mathrm{d}}^2 - 2\int_0^{\gamma_{\mathrm{d}}} \gamma H(\gamma)\mathrm{d}\gamma}{\gamma_{\mathrm{d}}^2[1 - H(\gamma_{\mathrm{d}})]} - 1\right\} \tag{2-29}$$

式中：G_{d} 和 ζ_{d} 分别为动剪切模量和动阻尼比；γ_{d} 为剪应变；$G_{\max}$ 为土体最大剪切模量；A、B 和 γ_0 为和土性有关的拟合参数。

表 2-5　某典型软场地模型参数

土层	土类	土层深度/m	子层数目	密度/（kg/m³）	剪切波速/（m/s）
1	淤泥质粉质黏土	0～2	1	1 820	129.1
2	粉土粉砂互层土	2～6	2	1 940	152.7

续表

土层	土类	土层深度/m	子层数目	密度/（kg/m³）	剪切波速/（m/s）
3	砂土①	6～10	2	2 090	137.1
4	砂土②	10～20	5	1 930	172.7
5	砂土③	20～32	6	2 090	263.2
6	黏土	32～40	4	1 970	491.6

土层	泊松比	A	B	$\gamma_0/（\times 10^{-4}）$	材料曲线
1	0.45	1.02	0.35	4.0	材料一
2	0.35	1.05	0.345	3.5	材料二
3	0.30	1.10	0.35	3.8	材料三
4	0.30	1.10	0.35	3.8	材料三
5	0.32	1.10	0.35	3.8	材料三
6	0.42	1.20	0.35	2.5	材料四

根据文献[177]提供的材料参数，选取某典型软场地条件如表 2-5 所示，包括 Davidenkov 模型参数的具体取值。通过式（2-27）～式（2-29）构造的土体动剪切模量比和动阻尼比随动剪应变的变化关系曲线如图 2-10 所示。

计算过程基岩输入地震动选用 Loma Prieta 和 EL Centro 两条地震动，其地震动加速度时程曲线和傅里叶振幅谱如图 2-11 所示，并分别将加速度峰值调整至 0.1g、0.2g 和 0.3g，共计 6 种计算工况。

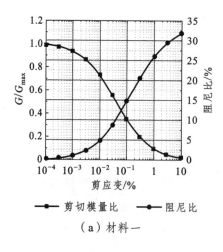

（a）材料一

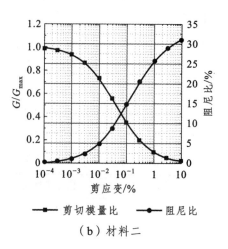

（b）材料二

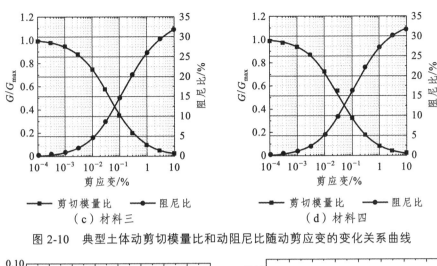

（c）材料三　　　　　　　　　　　（d）材料四

图 2-10　典型土体动剪切模量比和动阻尼比随动剪应变的变化关系曲线

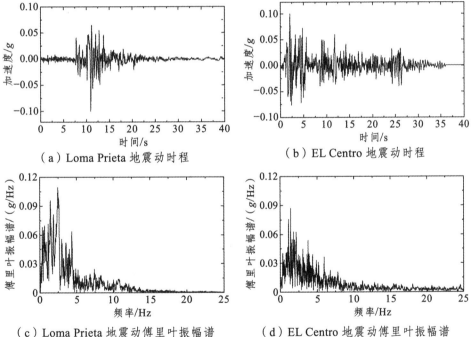

（a）Loma Prieta 地震动时程　　　　　（b）EL Centro 地震动时程

（c）Loma Prieta 地震动傅里叶振幅谱　　（d）EL Centro 地震动傅里叶振幅谱

图 2-11　地震动加速度时程、傅里叶振幅谱

当土体采用 Davidenkov 模型时，在模型两侧边设置远置边界，此时通过将模型宽度取为地下结构宽度的 11 倍（结构距两侧边界各 5 倍），以此消除边界效应对地下结构地震反应的影响；当土体采用本书方法所确定的模型参数时，并合理考虑了自由场的边界条件，此时的模型整体宽度为地下结构宽度的 5 倍。建模时，结构和土体均采用平面应变单元，并且假设土与结构之间不发生滑移。

有限元网格如图 2-12 所示，两种模型中结构的网格尺寸均为 0.2 m；土体的竖向网格尺寸均为 1 m，水平尺寸在结构附近（过渡区）为 0.5 m。

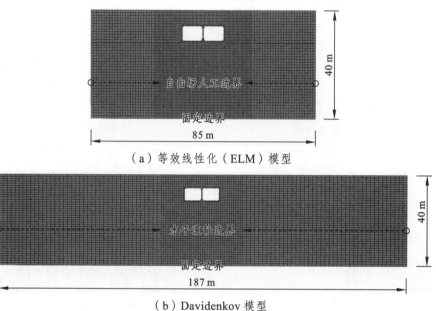

（a）等效线性化（ELM）模型

（b）Davidenkov 模型

图 2-12　土-结构整体动力分析几何模型

2.4.2　数值计算结果

本节选取的对比指标包含结构的水平变形以及关键截面的内力。其中，结构的变形单位为 mm；内力以每延米内力值表示，轴力和剪力单位为 kN/m，弯矩单位为 kN·m/m。对比结果如图 2-13 和图 2-14 所示。

从计算结果可以看出，无论是对于何种工况而言，采用本书所提出的确定土体等效模量和材料瑞利阻尼系数的方法所计算的位移响应和截面内力响应与直接采用 Davidenkov 模型的最大计算误差均在 10%左右。从结构顶底板相对位移可以看出，随着地震动峰值加速度的增大，本书模型与 Davidenkov 模型之间的误差增大，分析原因是大震情况下土体可能表现出较强的非线性效应，而采用本书模型计算时，尽管通过等效线性化方法近似考虑土体的非线性，但等效后的土体仍是弹性的，这就使得大震作用下结构的变形要小于实际情况。对比中柱和侧墙底部轴力可以发现，两者相对误差在 2%，这是由于当仅考虑水平地震作用时，结构竖向支撑构件的轴力主要取决于重力荷载。中柱和侧墙底部的剪力和弯矩则表现出与顶底板相对位移一致的规律，即随着地震动峰值加速度的增大，本书模型与 Davidenkov 模型之间的误差增大，最大误差均在 10%左右。

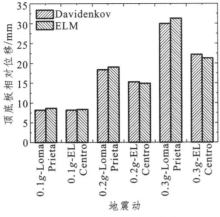

图 2-13　顶底板相对位移

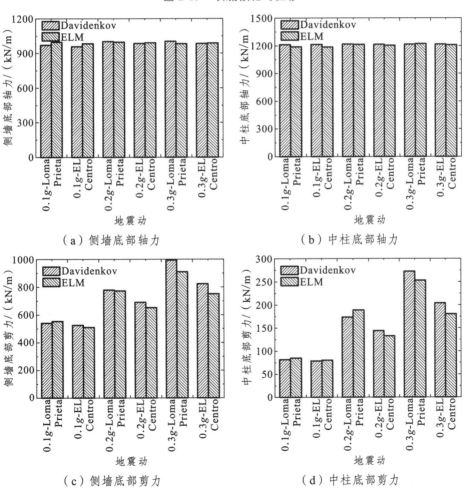

（a）侧墙底部轴力

（b）中柱底部轴力

（c）侧墙底部剪力

（d）中柱底部剪力

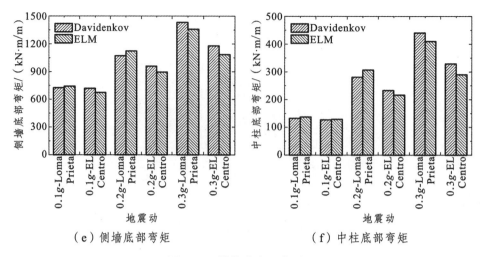

（e）侧墙底部弯矩 　　　　　　　　（f）中柱底部弯矩

图 2-14 结构内力反应对比

2.5 场地瑞利阻尼系数对场地地震反应的影响

地下结构地震反应在很大程度上取决于场地地震反应的准确性，为此，瑞利阻尼系数对自由场模型进行地震反应的影响。同时，采用频域分析程序 EERA 对这些方法进行验证，频域分析程序尽管也有一些缺陷，但可以考虑阻尼的频率无关性，在这里，可以认为是相对精确的解。

表 2-6 列出了进行场地地震反应分析所需要的土层剖面的土层分层厚度及土层土体性状描述资料，包括土体的密度、剪切波速和泊松比等。图 2-15 列出了表 2-6 中不同土类的动力非线性特性参考值，包括土体剪切模量比和阻尼比随动剪应变的变化关系曲线，这是采用等效线性化方法对场地进行地震反应分析所必需的参数。

表 2-6 场地模型参数

土类	厚度/m	子层数	密度/（kg/m³）	剪切波速/（m/s）	泊松比
黏土	4	2	1 900	200	0.3
黏土	4	2	1 950	260	0.3
砂土	4	2	1 980	310	0.3
黏土	8	4	1 950	335	0.3
砂土	10	5	2 000	430	0.3
砂土	10	5	2 100	520	0.3

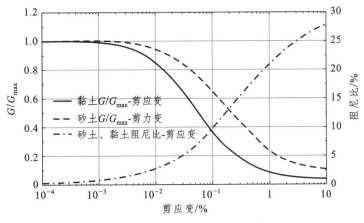

图 2-15 砂土、黏土本构曲线

为探讨不同频谱特性地震动的影响,本节分别选取 Kobe、Kocaeli、Northridge 和 Loma Prieta 四条地震动进行计算,并将四条地震动的加速度峰值调整为 0.1 g。地震动的加速度时程曲线、傅里叶振幅谱曲线和加速度反应谱曲线（阻尼比 5%）如图 2-16 ~ 图 2-18 所示。从图 2-18 可以看出,四条地震动的频谱成分有所差异,探讨不同地震动作用下场地的地震反应具有一定的普适性。

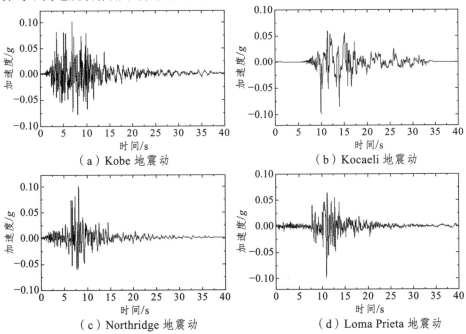

图 2-16　输入地震动时程

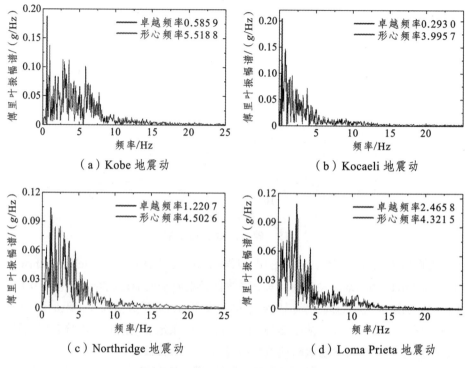

（a）Kobe 地震动 　　　　　　　　　（b）Kocaeli 地震动

（c）Northridge 地震动 　　　　　　（d）Loma Prieta 地震动

图 2-17　输入地震动傅里叶振幅谱

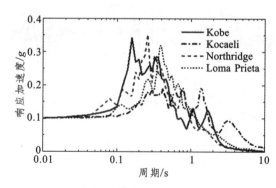

图 2-18　输入地震动反应谱

对于上述每一条地震动，分别进行场地的等效线性化分析，提取各土层的等效剪切模量和等效阻尼比，并计算不同等效模型参数情况下自由场的自振频率。表 2-7 列出了不同地震动傅里叶振幅谱的卓越频率和形心频率，以及对应自由场模型的前两阶自振频率。除 Loma Prieta 地震动外，其余地震动的卓越频率与场地的第一阶自振频率均有较大差异。

表 2-7　目标频率

地震动	ω_e	ω_c	ω_1	ω_2
Kobe	0.585 9	5.518 8	2.384 6	6.115 8
Kocaeli	0.293 0	3.995 7	2.407 9	6.199 5
Northridge	1.220 7	4.502 6	2.356 6	6.082 3
Loma Prieta	2.465 8	4.321 5	2.316 0	6.004 1

自由场有限元模型如图 2-19 所示，假想其为下卧刚性基岩层，模型总高度取为 40 m，总宽度取为 4 m。有限元网格水平和竖向尺寸均为 1 m，该尺寸满足不大于 1/8 ~ 1/10 的最小波长的要求。由于只计算水平剪切地震动作用下场地的地震反应，因此对模型的两个侧边界节点施加竖向约束。

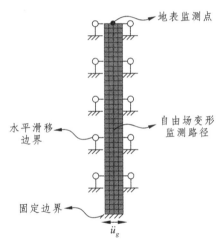

图 2-19　自由场有限元模型

不同瑞利阻尼系数情况下地表处的加速度反应谱（5%阻尼比）和地表位移最大时刻自由场变形对比如图 2-20 和图 2-21 所示。表 2-8 列出了地表处峰值加速度和峰值位移的误差统计情况。由图 2-20、图 2-21 和表 2-8 可知，采用不同瑞利阻尼系数确定方法，地表处加速度反应谱和自由场变形趋势均和 EERA 程序计算结果基本一致，验证了基于 ABAQUS 软件进行等效线性化时域计算的有效性。

对于 S-1 和 S-2 两种方法而言，均采用了简单形式的瑞利阻尼形式，导致计算结果都小于 EERA 计算结果，尤其是对于卓越频率较小的 Kobe 和 Kocaeli 地震动，仅采用输入地震动的卓越频率计算阻尼系数明显不合理。

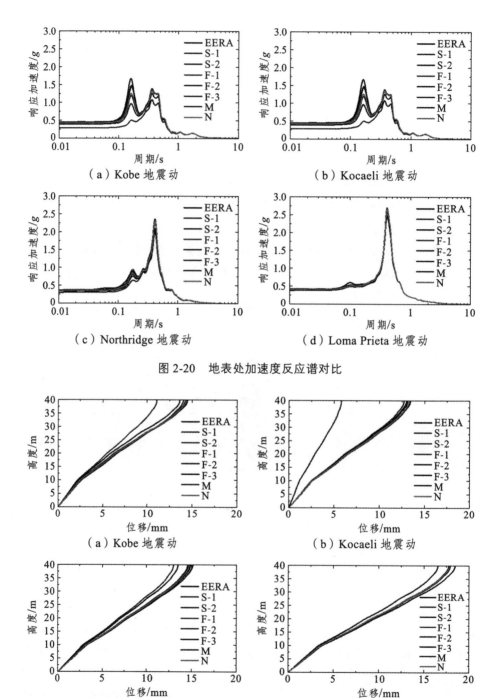

图 2-20　地表处加速度反应谱对比

图 2-21　自由场变形对比

表 2-8 自由场动力反应相对误差统计（单位：%）

方法		S-1	S-2	F-1	F-2	F-3	M	N
平均值	加速度	24.61	4.96	3.01	4.04	2.71	1.72	1.71
	位移	23.35	6.42	1.56	1.90	1.49	2.13	1.39
标准差	加速度	19.23	1.55	3.59	3.92	2.97	2.19	1.62
	位移	23.21	3.75	1.20	1.55	1.17	1.05	1.26

对于采用完整形式瑞利阻尼的 F-1、F-2 和 F-3 三种方法而言，地表峰值位移和峰值加速度较频域方法有较大的离散性，最大误差达 8.2%，而最小误差仅有 0.08%。这说明两个目标频率的选取对自由场地震反应影响较为明显，尤其是对于 Northridge 地震动作用下的计算工况，Northridge 地震动傅里叶振幅谱的卓越频率、形心频率和场地的第二阶自振频率存在较大的差异，导致 F-1、F-2 和 F-3 三种方法构造的场地感兴趣的频段范围有所差异，所以出现了地表峰值加速度相差较大的现象。

对于采用修正完整形式瑞利阻尼的 M 方法而言，由于综合考虑了场地的自振特性和地震动的频谱特性，整体上计算效果要好于上述方法。但对于 Loma Prieta 地震动也出现了地表峰值位移误差较大的情况。

而本书提出的以等效线性化之后的场地第一阶自振频率作为第一个目标频率，以输入地震动傅里叶振幅谱的卓越频率和形心频率的平均值作为第二个目标频率构造时域分析的感兴趣频段，可以综合考虑场地和地震动的多方面特性。地表的峰值位移和峰值加速度与频域方法计算结果都吻合较好，在各种方法中的平均计算误差也是最小的，表明该方法是可行的。

2.6 场地瑞利阻尼系数对地下结构地震反应的影响

为进一步探讨瑞利阻尼系数对地下结构地震反应的影响，本节以图 2-9 所示的单层双跨地铁车站作为研究对象，场地参数也同上节一致，计算过程基岩输入地震动选用和上节自由场地震反应分析的四条地震动。考虑到瑞利阻尼系数仅对结构的动力反应有影响，为此本节开展的动力时程分析模型仅施加水平地震作用，而不考虑重力荷载。单层双跨结构在仅有水平地震作用下可认为是反对称结构，中柱轴力近似为 0。因此，选取结构顶底板水平相对位移，侧墙底部的轴力、剪力和弯矩，中柱的剪力和弯矩作为对比指标。

对于上述四条频谱特性不同的地震动而言，不同瑞利阻尼系数情况下的动力时程计算结果对比如图 2-22 所示。由上节分析可知，在进行自由场地震反应分析时，采用本书提出的瑞利阻尼系数确定方法的时域计算结果与频域计算结果较为吻合，而目前针对土-地下结构体系没有可作为相对准确的频域参考解。因此，本节以新提出的瑞利阻尼系数确定方法的时域计算结果作为参考解，评价各方法计算结果之间的差异。图 2-22 中，横坐标为 N 方法的动力结果，纵坐标为与之相对应的各其他方法的动力结果。也就是说，图 2-22 中各个动力反应指标越靠近图中斜率为 1 的直线，表明其越接近参考解。同自由场地震反应结果一致，Kobe 地震动和 Northridge 地震动作用下结构的动力反应计算结果较为接近。图 2-22 也可直观地看出 M 方法与 N 方法的计算结果最为接近。表 2-9 列出了各瑞利阻尼系数情况下的结构动力反应相对误差统计情况。S-1 方法采用瑞利阻尼的简单形式，其平均误差在 22% 左右，由此可见，仅采用输入地震动的卓越频率确定的简单形式瑞利阻尼将会在很大程度上低估结构的动力反应，这与前两节的分析结果一致。其余各方法确定的瑞利阻尼系数情况下的结构动力反应的相对误差均在 5% 以内，而采用两个目标频率确定的完整形式的瑞利阻尼动力计算结果的误差要略小于仅采用一个目标频率确定的简单形式的瑞利阻尼动力计算结果的误差。M 方法的时域计算结果的误差最小，均在 1% 以内。

总体来说，除了 S-1 方法外，其他各方法计算结果之间没有明显的差异。采用 M 方法和 N 方法确定的瑞利阻尼系数，对自由场和地下结构的地震反应的计算较为吻合。相比 M 方法仅考虑场地和输入地震动的卓越频率，N 方法可以综合考虑场地和地震动的多方面特性，在操作上较 M 方法也更为简单。因此，在自由场和地下结构地震反应分析中建议采用本书提出的 N 方法计算瑞利阻尼系数。

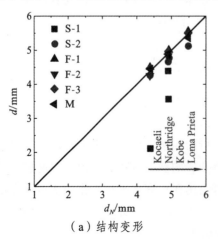

（a）结构变形

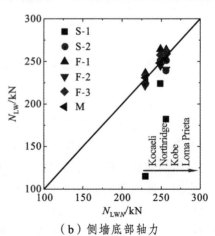

（b）侧墙底部轴力

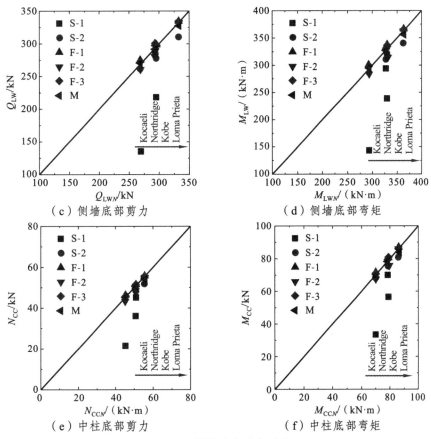

图 2-22 结构动力响应对比

表 2-9 结构动力反应相对误差统计（单位：%）

方法		S-1	S-2	F-1	F-2	F-3	M
平均值	d	22.58	4.50	1.71	2.30	1.06	0.91
	N_{LW}	22.44	2.87	3.43	2.97	2.10	0.74
	Q_{LW}	21.52	4.89	1.31	2.19	0.93	0.87
	M_{LW}	22.40	4.34	1.60	2.42	1.07	0.93
	Q_{CC}	23.07	4.17	1.85	2.55	1.13	0.88
	M_{CC}	23.12	3.99	1.90	2.56	1.14	0.88
标准差	d	22.45	1.71	0.54	1.66	0.54	0.90
	N_{LW}	21.81	2.44	1.69	2.53	1.04	0.48
	Q_{LW}	21.67	2.19	0.95	1.94	0.77	0.92
	M_{LW}	22.29	1.79	0.81	1.86	0.68	0.91
	Q_{CC}	22.77	1.68	0.62	1.83	0.67	0.77
	M_{CC}	22.82	1.64	0.54	1.87	0.66	0.76

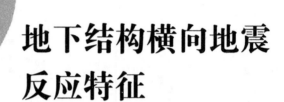

3

地下结构横向地震反应特征

3.1 引 言

与地面建筑结构不同，地下结构是埋置于地层内部的结构，两者在地震反应特征及规律方面存在着明显差异。一方面，对于同一地震荷载作用，相比于地面结构所处的地表位置，地下结构所处的地层内部的地震动峰值加速度一般要更小；另一方面，地下结构被地层包裹，两者之间存在着复杂的惯性相互作用和运动相互作用。因此，了解地下结构地震反应的主要特征及参数影响规律，是对地下结构进行理论分析和数值计算的重要基础，也是为后续提出地下结构抗震简化分析方法的关键依据。

目前，关于地下结构地震反应特征的认识，例如地下结构地震反应主要取决于场地土变形，主要源自于少量实测震害资料分析或定性的推理得到的，缺乏基于理论模型和数值分析基础上的严格验证。鉴于此，本章基于第 2 章所建立的严格的土-结构整体动力时程分析方法，分别选取地震动作用方式、场地和地下结构动力特性、场地和地下结构相对刚度、地下结构埋深及场地和地下结构接触面特性等影响因素，从数值分析的角度系统地研究其对典型矩形框架式地下结构地震反应的影响规律。

3.2 算例概况

3.2.1 计算模型与参数

矩形框架钢筋混凝土结构是地下结构中最为常见的结构形式，因此本章以某典型单层双跨矩形框架地下车站结构作为研究对象。该地下结构的横断面尺寸及场地参数如图 3-1 所示，场地土层表面至结构顶面的垂直距离为 5 m。车站结构外轮廓尺寸 12.5 m×6.5 m，顶底板及侧墙厚度均为 0.5 m，构件轴线尺寸为 12 m×6 m。结构跨中设有矩形截面中柱，中柱的截面尺寸为 1 m×0.4 m。且中柱在车站结构纵向为等间距分布，相邻中柱轴线间距为 5 m。结构顶底板、左右侧墙和中柱的材料均选用 C30 混凝土。由于本章讨论弹性条件下地下结构的地震反应特征和规律，故结构采用弹性模型且不考虑钢筋的作用。

场地土层共分为 6 层，土层表面至基岩面的垂直距离为 40 m。土质包含砂土和黏土。在本章的数值算例中，砂土和黏土均采用典型的剪切模量比和阻尼比随剪应变变化曲线，如图 2-15 所示。同时，本章采用阪神地震中神户大学获得的水平地震动和竖向地震动记录数据作为输入地震动，其加速度时程曲线分别如图 3-2 所示。动力计算中将水平地震动峰值加速度调整为 0.1g，竖向地震动加速度值也进行相同比例的缩放。

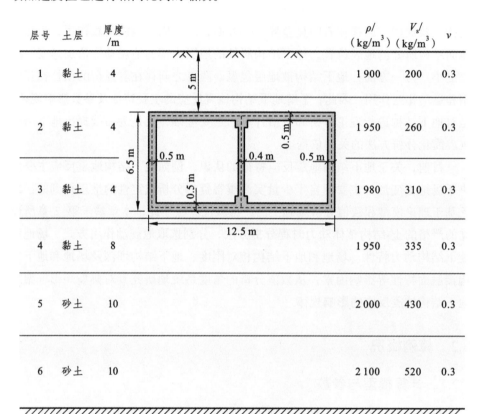

图 3-1　结构及场地横截面尺寸示意

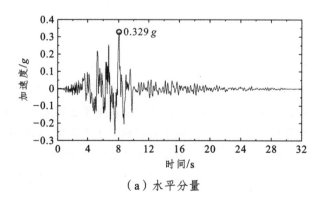

（a）水平分量

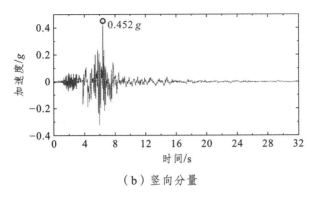

（b）竖向分量

图 3-2　阪神地震中神户大学记录的地震动数据

3.2.2　有限元模型

土-地下结构整体动力时程分析有限元模型如图 3-3 所示，模型总高度取为 40 m，模型总宽度取为结构宽度的 7 倍，即 84 m。模型顶部为自由面，底部为固定边界，两侧边界设置考虑自由场效应的黏弹性人工边界条件。采用 ABAQUS 有限元软件进行二维数值建模，建模时结构选用梁单元（B21）进行离散，土体选用平面应变单元（CPE4R）进行离散。由于车站结构选用梁单元建模，其几何尺寸取为各个构件的中轴线，即轴线尺寸为 12 m×6 m。车站结构弹性模量取为 30 GPa，密度取为 2 500 kg/m³。考虑到中柱在车站结构纵向是等间距（5 m）分布的，需按一定的原则进行等效，等效后中柱弹性模量取为 6 GPa，密度取为 500 kg/m³。土体通过采用等效线性化模型考虑其非线性，并将一维场地地震反应分析后的等效剪切模量和等效阻尼比作为模型参数进行动力时程分析。在有限元网格离散时，结构和土层的网格尺寸均取为 0.5 m，满足小于 1/8～1/10 最小波长的要求。土体和结构之间设置摩尔库伦摩擦接触，其中法线方向允许结构与土体之间产生分离，切线方向设置摩擦系数，后续的参数分析中该摩擦系数也作为一个重要的变量。

如图 3-4 所示，在本章开展的数值计算中主要包含两个分析步，其一是重力荷载作用下的静力分析步，其二是水平竖向地震荷载作用下的隐式动力分析步。为了考虑地下结构所受的初始应力状态，首先进行重力荷载作用下土-结构体系的静力反应，获取结构和土体的应力状态及土体侧向边界的水平反力，后将侧向边界的水平反力代替静力分析步中的水平位移约束条件，并传递到后续的动力分析步中。地震动输入方法采用考虑水平和竖向地震动同时作用的振动输入方法，通过设置考虑能量辐射效应的人工边界条件，同时也将自由场反应的影响作为一种力边界条件作用在截断边界上，是目前为止精度较高的土-结相互作用分析方法。

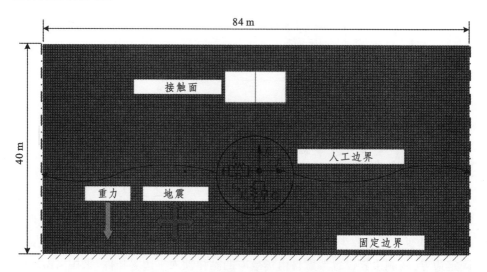

图 3-3　土-结构动力时程分析有限元模型

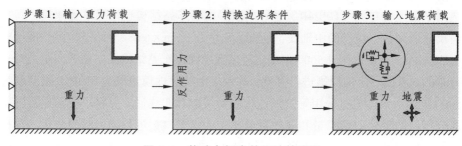

图 3-4　静动力耦合数值计算流程

3.2.3　动力反应对比指标

　　总结目前有关单层双跨地下结构地震反应研究可以发现，地下结构的水平变形是评价地下结构抗震安全性能的重要指标。在地震作用下左右侧墙和中柱的水平侧移率相差不大，为方便计，后续讨论中均以中柱顶底部两个参考点的水平相对位移作为结构的水平变形进行对比分析，即图 3-5 中的 Δ_{str}。同时，考虑到中柱和侧墙是地下结构的竖向支撑构件，其底部截面内力较大，是地下结构抗震设计中的关键截面，因此对比的内力指标主要有图 3-5 所示的 3 个典型截面 LW、CC 和 RW 的轴力、剪力和弯矩值。其中截面内力均以每延米的内力值表示，包括截面轴力、剪力和弯矩。此外，对于矩形框架结构而言，土-结构交界面上的土压力和土剪力也是重要的动力响应指标，讨论地下结构周围土压力和土剪力的大小，可以为结构构件内力分析提供依据，同时也是进一步解释不同计算工况下结构内力发生变化的有效途径。

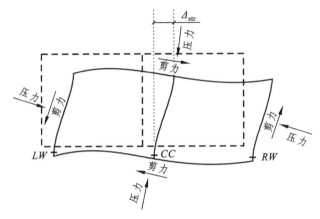

图 3-5　动力计算对比指标

3.3　地震动作用方式的影响

如前文所述，有关日本大开地铁车站结构在 1995 年阪神地震中的成灾机理研究现在并没有形成统一的结论，不少学者认为水平地震动是引起结构塌毁的主要原因；也有学者认为竖向地震动引起的上覆土体惯性作用是导致结构塌毁的关键因素；还有学者认为水平竖向地震动的共同作用是引起结构破坏的重要原因。也就是说，关于地震动作用方式对地下结构地震反应的影响还没有统一的认识。为此，本节分两种工况进行讨论，如表 3-1 所示，其中一种工况为仅有水平地震作用，记为 R1；另外一种工况为水平和竖向地震同时作用，记为 R2。此时，其他模型参数则均取为常规值，例如，结构和土体之间接触面特性设置为法相硬接触，切向为摩擦系数为 0.4 的摩擦接触。另外，需要说明的是，表 3-1 中土层密度比例和结构密度比例是指数值计算中所采用的密度与实际土层或结构密度的比值。

表 3-1　地震动作用方式工况列表

工况	地震动	土层密度 比例/%	结构密度 比例/%	结构弹性 模量/GPa	结构 埋深/m	土-结构交界 面摩擦系数
R1	单向	100	100	30	5	0.4
R2	双向	100	100	30	5	0.4

3.3.1　结构水平变形

　　不同地震动作用方式下，结构的水平变形时程曲线如图 3-6 所示。从图 3-6 中可以看出，仅有水平地震动作用和水平竖向双向地震动同时作用两种计算工况下结构水平变形的时程曲线基本吻合。仅有水平地震动作用时的结构水平变形的最大值为 3.95 mm，水平竖向双向地震动同时作用时结构水平变形的最大值为 3.96 mm。可以初步判断，由于 $P\text{-}\Delta$ 效应的存在，水平竖向双向地震动同时作用时结构水平变形会略大于仅有水平地震动作用时的结构水平变形。但整体上来讲，地震动作用方式对结构的水平变形并不会造成很大程度的影响。

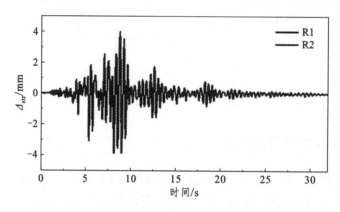

图 3-6　不同地震动作用方式下结构水平变形

3.3.2　构件截面内力

　　本节讨论不同地震动作用方式下，左右侧墙和中柱底部 3 个截面的内力变化情况。左右侧墙和中柱底部截面的轴力、剪力和弯矩的对比如图 3-7 所示，其中所列的均为相应内力绝对值的最大值。由图 3-7 可以看出，两种不同地震动作用方式工况下，结构关键截面内力有所不同。其中，水平竖向双向地震动同时作用时的各截面内力值均要大于仅有水平地震动作用时的相应内力值。对于中柱和侧墙轴力而言，地震动作用方式的改变对其影响最大。尤其是中柱，增加竖向地震动作用后，中柱底面的轴力提升幅度约高达 21%。而对于中柱和侧墙剪力和弯矩而言，地震动作用方式的改变对其影响相对较小，各内力指标提升幅度都不到 5%。也就是说，水平竖向双向地震动作用下的截面内力值与仅有水平地震动作用下的截面内力值有差异，但除了中柱、侧墙的轴力值相差较大之外，其余内力值均没有明显的变化。

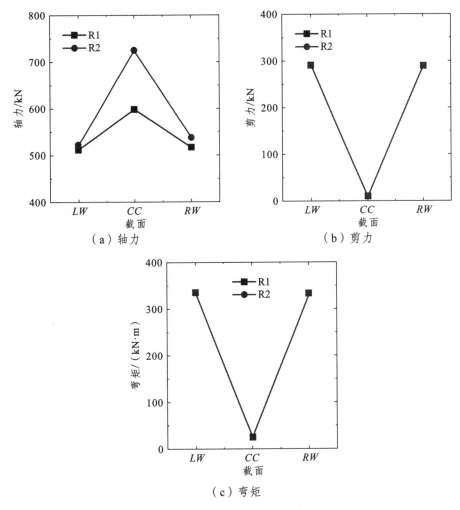

图 3-7　不同地震动作用方式下截面内力

3.3.3　土-结构交界面接触力

本节讨论不同地震动作用方式下，地下结构周围 4 个接触面的土压力和土剪力的对比情况，对比结果如图 3-8 所示。由图 3-8 可知，两种不同地震动作用方式工况下，结构周围四个部位的土压力和土剪力有所不同。其中，水平竖向双向地震动同时作用时的各接触面力值均要大于仅有水平地震动作用时的对应接触面力值。对于结构顶底面的土压力，地震动作用方式的改变对其影响最大。尤其是增加竖向地震动作用后，结构顶面土压力的提升幅度约为 16%，结构底面土压力的提升幅度约为 21%。而对于各接触面的土剪力而言，地震动作用方式的改变对其影响相对较小，变化幅度均小于 5%。也就是说，水平竖向双向地震动作用下的各土-结构交界面的接触力值与仅有水平地震动作用下的各土-结构交界面的接触力值有差异，但除了结构顶底面的土压力值相差较大之外，其余各接触面力值均没有明显的变化。

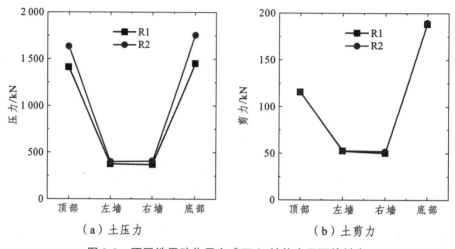

（a）土压力　　　　　　　　　（b）土剪力

图 3-8　不同地震动作用方式下土-结构交界面接触力

综合 3.2.1 节～3.2.3 节，地震动作用方式对地下结构地震反应有一定的影响。尤其是，增加竖向地震动后，结构顶面的土压力有较明显的增大，进而引起左右侧墙和中柱底面轴力的大幅提高。而对于地下结构顶底板的水平相对位移、中柱和侧墙的剪力和弯矩等而言，两种不同地震动作用方式工况下的响应值均没有明显的差异。因此，对后续其他各个影响因素进行讨论时，地震动作用方式均采用水平和竖向双向地震动同时作用。

3.4　土层和结构惯性效应的影响

与地上结构类似，地下结构受其自身性质变化影响的动力特性主要体现在结构的惯性效应，通过改变结构密度来改变结构惯性效应从而研究结构动力特性对土-结构体系动力反应的影响。类似地，本节也通过改变土层密度来改变土层惯性效应来研究其对地下结构动力反应的影响。如前文所述，本节进行水平竖向双向地震动同时作用下地下结构的动力反应，并对不同土层密度和结构密度工况下的计算结果进行对比分析。如表 3-2 所示，除了原型土-结构体系外，对比工况中土层和结构密度的变化比例分别选取 4 个比值，即 5%、20%、50%

和 200%，例如 5%表示此时结构或土层的密度取为真实值的 5%。各工况命名规则如下：S 代表土层，L 代表结构，1、2、3、4、5 分别表示密度比为 5%、20%、50%、100%和 200%。当然，密度比例取 5%或者 200%的土层或结构并不真实存在，仅是本书为了讨论惯性效应影响而假定的一些计算工况。

表 3-2　土层和结构惯性效应工况

工况	地震动	土层密度 比例/%	结构密度 比例/%	结构弹性 模量/GPa	结构 埋深/m	土-结构交界面 摩擦系数 μ
S1L4	双向	5	100	30	5	0.4
S2L4	双向	20	100	30	5	0.4
S3L4	双向	50	100	30	5	0.4
S4L4	双向	100	100	30	5	0.4
S5L4	双向	200	100	30	5	0.4
S4L1	双向	100	5	30	5	0.4
S4L2	双向	100	20	30	5	0.4
S4L3	双向	100	50	30	5	0.4
S4L4	双向	100	100	30	5	0.4
S4L5	双向	100	200	30	5	0.4

3.4.1　结构水平变形

不同土层密度和结构密度计算工况下结构的水平变形对比结果如图 3-9 所示。在水平竖向双向地震动作用下，结构的最大水平变形均随着土层密度的减小而减小。当土体密度变为实际密度的 5%时，结构顶底板的最大水平相对位移减小幅度约为 95%；而当土体密度取为实际密度的 2 倍时，结构顶底板的最大水平相对位移也大致为原型结构的 2 倍。也就是说，忽略土体质量对地下结构的水平变形有较大的影响。改变结构密度时，四种工况 S4L1、S4L2、S4L3 和 S4L5 下结构的最大水平变形分别为 3.89 mm、3.90 mm、3.92 mm 和 4.05 mm。通过对比发现，当结构密度变化为仅有实际密度的 5%时，结构最大水平变形的变化幅度却不超过 2%；而当结构密度取为实际密度的 2 倍时，结构最大水平变形的变化幅度也为 2%左右。也就是说，在水平竖向双向地震动作用下，结构的惯性效应对结构最大水平变形的影响较小，基本可以忽略。相比之下，土体的惯性效应对地下结构的地震反应的影响要远大于结构自身的惯性效应。

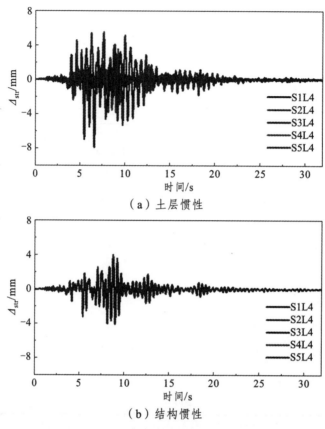

（a）土层惯性

（b）结构惯性

图 3-9　不同惯性效应下结构水平变形

3.4.2　构件截面内力

本节讨论不同土层密度和结构密度工况下，左右侧墙和中柱底部三个典型截面的内力变化情况，截面内力对比如图 3-10 所示。由图 3-10 可知，当结构密度一定时，土层密度取值越小时，各个截面内力均呈现减小的趋势。在水平竖向双向地震动同时作用下，当土层密度变为实际密度的 5% 时，各截面内力降低比例均在 90% 左右，最大达 96%；当土层密度变为实际密度的 2 倍时，各截面内力也大致为原型结构相应截面内力值的 2 倍。当土层密度一定时，结构密度取值越小时，各个截面内力也基本呈现减小的趋势。在水平竖向双向地震动同时作用下，无论是当结构密度变为实际密度的 5% 或是 2 倍时，截面内力较原型结构的变化比例较小，均在 10% 以内。对比土层惯性效应和结构惯性效应对地下结构地震反应的影响可以发现，场地动力特性和基岩地震运动引起的场地土的体积惯性力是影响地下结构地震反应的主要控制性因素之一。

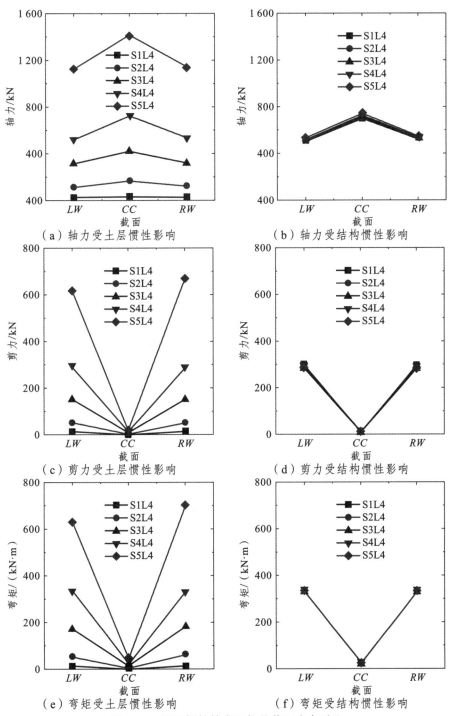

（a）轴力受土层惯性影响　　　　（b）轴力受结构惯性影响

（c）剪力受土层惯性影响　　　　（d）剪力受结构惯性影响

（e）弯矩受土层惯性影响　　　　（f）弯矩受结构惯性影响

图 3-10　不同惯性效应下构件截面内力对比

3.4.3 土-结构交界面接触力

本节讨论不同土层密度和结构密度情况下，地下结构周围四个部位的土压力和土剪力，对比结果如图 3-11 所示。由图 3-11 可知，当结构密度一定时，土层密度取值越小时，各个接触面的土压力和土剪力也都基本呈现逐渐减小的趋势。在水平竖向双向地震动同时作用下，当土层密度变为实际密度的 5% 时，各接触面土压力和土剪力降低比例均在 90% 左右。当土层密度一定时，无论是当结构密度变为实际密度的 5% 或是 2 倍时，结构周围各个接触面的土压力和土剪力的变化较原型结构也都在 10% 左右。

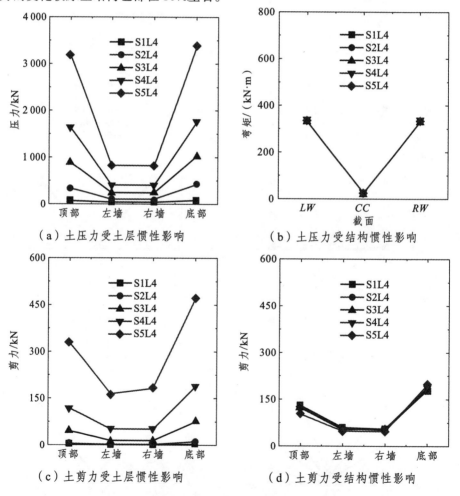

（a）土压力受土层惯性影响　　　　　（b）土压力受结构惯性影响

（c）土剪力受土层惯性影响　　　　　（d）土剪力受结构惯性影响

图 3-11　不同惯性效应下土-结构交界面接触力对比

综合 3.3.1 节~3.3.3 节，在水平竖向双向地震动同时作用下，结构惯性对地下结构的侧墙和中柱的轴力、结构底面的土压力和土剪力值有一定的影响，这主要是结构密度大幅减小加上竖向地震动作用的结果。而对于其他截面内力和其他接触面上的土压力和土剪力均没有明显的变化。因此可以判断，地下结构自身的惯性效应对其动力反应并没有明显的影响，抗震设计中基本可忽略结构惯性力的贡献。在水平竖向双向地震动同时作用下，对结构变形、关键截面内力及土-结构接触面力的影响而言，土层惯性的影响均要远远高于结构惯性的影响。因此可以判断，相比结构自身的惯性效应而言，场地动力特性或基岩地震运动引起的场地土的体积惯性力是影响地下结构地震反应的主要控制性因素之一，地下结构的抗震设计中应重视该部分荷载。

3.5 刚度比和接触面的影响

为研究土-结构刚度比对地下结构地震反应的影响，定义矩形框架结构的土-结构刚度比如图 3-12 所示，为便于在有限元软件中的操作，将等代土体单元和地下结构的底部固定，在顶部边界及侧边界上施加剪切荷载 τ，分别计算各自在剪切荷载作用下的变形，记为 Δ_{soil} 和 Δ_{str}，其中下标 soil 表示土层，str 表示结构。土与结构之间的相对刚度比 F 可按下式求解：

$$F = \Delta_{str}/\Delta_{soil} \qquad (3-1)$$

结构的刚度不仅取决于材料的弹性模量相关，与构件的截面形式、尺寸等也有很大关系。根据研究内容需要，本节只通过改变不同的弹性模量研究刚度比的影响，因此共设计 4 种不同刚度比模型，各个刚度比情况下结构的弹性模量、中柱的等效弹性模量及等代土单元的变形如表 3-3 所示。

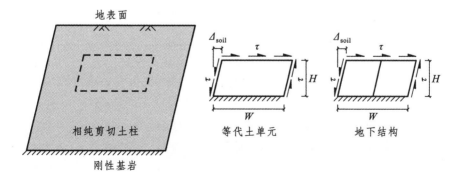

图 3-12 土-结构刚度比计算模型

表 3-3 不同刚度比结构模型参数

结构弹模/GPa	中柱等效弹模/GPa	Δ_{str}/m	Δ_{soil}/m	刚度比
3 850	770	4.68×10^{-9}	4.68×10^{-8}	0.1
385	77	4.68×10^{-8}	4.68×10^{-8}	1
77	15	2.34×10^{-7}	4.68×10^{-8}	5
30	6	6.01×10^{-7}	4.68×10^{-8}	12.84

在改变场地土与结构相对刚度的同时，本节也开展了同时改变场地土与结构交界面摩擦系数的对比工作。在交界面切向接触的摩擦系数方面，除了选取常用值 0.4 之外，也考虑了摩擦系数取为 0、0.8 及 1 的工况。其中，摩擦系数取为 0 时，可以认为场地土与结构之间不传递切向的摩擦力。刚度比和接触面工况如表 3-4 所示，各工况命名规则如下，F 代表土-结构刚度比，U 代表土-结构交界面摩擦系数，F1、F2、F3 和 F4 分别表示土-结构刚度比为 0.1、1、5 和 12.84，U1、U2、U3 和 U4 分别表示土-结构交界面摩擦系数为 0、0.4、0.8 和 1。

表 3-4 刚度比和接触面工况

工况	地震动	土层密度比例/%	结构密度比例/%	土-结构刚度比	结构埋深/m	土-结构交界面摩擦系数 μ
F1U1	双向	100	100	0.1	5	0
F1U2	双向	100	100	0.1	5	0.4
F1U3	双向	100	100	0.1	5	0.8
F1U4	双向	100	100	0.1	5	1
F2U1	双向	100	100	1	5	0
F2U2	双向	100	100	1	5	0.4
F2U3	双向	100	100	1	5	0.8
F2U4	双向	100	100	1	5	1
F3U1	双向	100	100	5	5	0
F3U2	双向	100	100	5	5	0.4
F3U3	双向	100	100	5	5	0.8
F3U4	双向	100	100	5	5	1
F4U1	双向	100	100	12.84	5	0
F4U2	双向	100	100	12.84	5	0.4
F4U3	双向	100	100	12.84	5	0.8
F4U4	双向	100	100	12.84	5	1

3.5.1 结构水平变形

对不同土-结构刚度比 F，在进行土-结构动力时程分析时提取结构顶底板水平相对位移最大值，记为 D_{str}，并提取该时刻自由场对应位置处土层的水平相对位移，记为 D_{ff}。将结构顶底板水平相对位移最大值无量纲化，记为土-结构相互作用系数 β，β 可按下式确定：

$$\beta=D_{str}/D_{ff} \tag{3-2}$$

在水平竖向双向地震动同时作用下，无量纲化后的土-结构相互作用系数 β 与土-结构刚度比 F 的关系如图 3-13 所示。由图 3-13 可知，同时考虑水平竖向双向地震动同时作用时，不同土-结构交界面摩擦系数情况下土-结构相互作用系数 β 随土-结构刚度比 F 的变化有所不同，但呈现的趋势一致，土-结构相互作用系数 β 均随土-结构刚度比 F 增大而增大。当土-结构刚度比 F 大于 1 时，土-结构相互作用系数 β 也基本都大于 1，即地下结构刚度较小时的水平相对位移大于自由场对应土层相对位移；反之，当土-结构刚度比 F 小于 1 时，土-结构相互作用系数 β 也基本都小于 1，即地下结构刚度较大时的水平相对位移小于自由场对应土层相对位移。

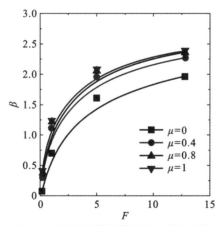

图 3-13　不同摩擦系数下 β-F 变化曲线

另外，同一土-结构刚度比情况下，结构的水平变形随着土-结构交界面的摩擦系数增大而增大。如图 3-14 所示，对于同一土-结构刚度比而言，以土-结构交界面摩擦系数取 0.4 时该刚度比情况下地下结构的动力反应为基准，分别评价其他土-结构交界面摩擦系数时该刚度比情况下地下结构的动力反应，记为动力反应增长率 IR，具体可表示为

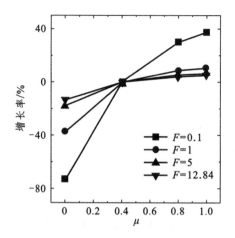

图 3-14　不同土-结构刚度比情况下结构变形反应增长率

$$IR = \frac{D_\mu - D_{\mu=0.4}}{D_{\mu=0.4}} \times 100\%$$　　　　　（3-3）

式中：D_μ 为某一土-结构刚度比情况下不同土-结构交界面摩擦系数时结构的动力反应指标，包括结构的变形、构件截面内力及土-结构交界面接触力等；$D_{\mu=0.4}$ 为相应土-结构刚度比情况下土-结构交界面摩擦系数取为 0.4 时结构的动力反应指标。

当动力反应增长率 IR 为负值时，表示此时结构的动力反应是小于土-结构交界面摩擦系数为 0.4 时结构的动力反应。

由图 3-14 可知，当土-结构刚度比较大时，即地下结构较柔，此时结构的水平变形受土-结构交界面的摩擦系数影响较小。而当地下结构刚度较大时，例如土-结构刚度比为 0.1 时，忽略场地土与结构之间的摩擦作用时结构的水平变形要远远小于土-结构交界面摩擦系数取 0.4 时结构的水平变形。这表明，相比柔性地下结构而言，刚性地下结构更应关注土-结构交界面的接触问题，也就是说刚性地下结构所受到的周围土体的切向和法向作用对其动力反应的影响更为突出。

3.5.2　构件截面内力

本节讨论不同土-结构刚度比情况下，左右侧墙和中柱底部截面内力变化情况，当土-结构交界面摩擦系数取为 0.4 时，各个截面内力对比如图 3-15 所示。

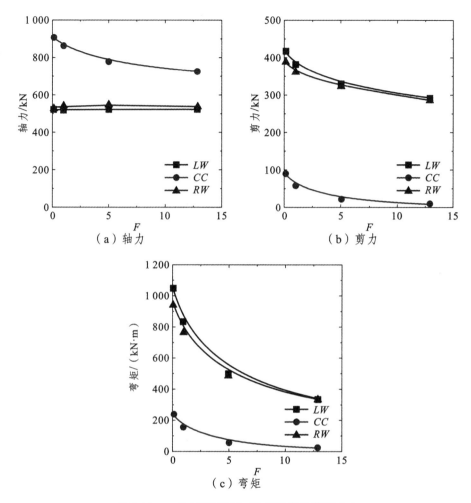

图 3-15 μ=0.4 时不同土-结构刚度比截面内力

从图 3-15 可以看出，在水平竖向双向地震动作用时，各截面内力随着土-结构刚度比 F 的增大基本上都呈现逐渐减小的趋势。相比之下，当土-结构刚度比从 0.1 变化到 12.84 时，图 3-15（a）中左右侧墙底部的轴力变化是较小的。而且，在土-结构刚度比 F 小于 5 的情况下，各曲线下降趋势比较明显，表明该刚度比范围内的地下结构截面内力受土-结构刚度比的影响更为显著。

另一方面，同一土-结构刚度比情况下，左右侧墙和中柱底部的截面内力随着土-结构交界面的摩擦系数增大而增大。如图 3-16 所示，对于同一土-结构刚度比而言，以土-结构交界面摩擦系数取 0.4 时该刚度比情况下地下结构的动力反应为基准，分别评价其他土-结构交界面摩擦系数时该刚度比情况下左右侧墙和中柱底部的截面内力变化情况。总体上来看，同一土-结构刚度比情况下，左右侧墙和中柱底部的截面轴力随着土-结构交界面的摩擦系数的变化影响较小，增长率基本维持在±5%范围内。从图 3-16 中也可以看出，左右侧墙底部的剪力和弯矩的增长率基本维持在±15%范围内，而且，不同土-结构刚度比下左右侧墙底部剪力的增长率曲线基本一致，表明土-结构交界面摩擦系数对不同土-结构刚度比的左右侧墙的剪力影响规律一致。相比之下，中柱底部的剪力和弯矩的增长率如图 3-16（e）和（h）所示，对于土-结构刚度比为 0.1 的计算工况，不考虑土与结构之间的摩擦作用时中柱底部的剪力和弯矩较土-结构交界面摩擦系数取 0.4 时要小 25%左右，在其他土-结构刚度比情况的减小比例最为明显。这也与前一小节的分析结果一致，地下结构刚性越大，其所受到的周围土体的切向和法向作用对其构件截面内力的影响更为突出。

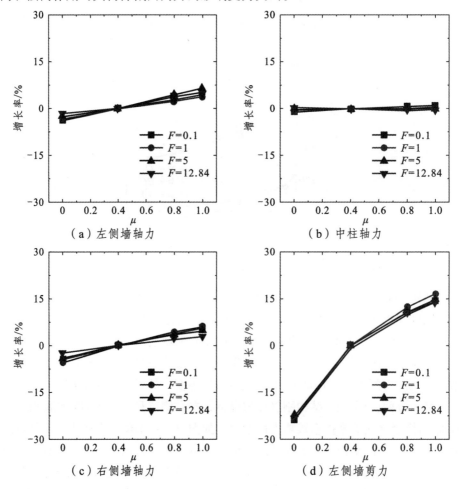

（a）左侧墙轴力　　　　　　　　（b）中柱轴力

（c）右侧墙轴力　　　　　　　　（d）左侧墙剪力

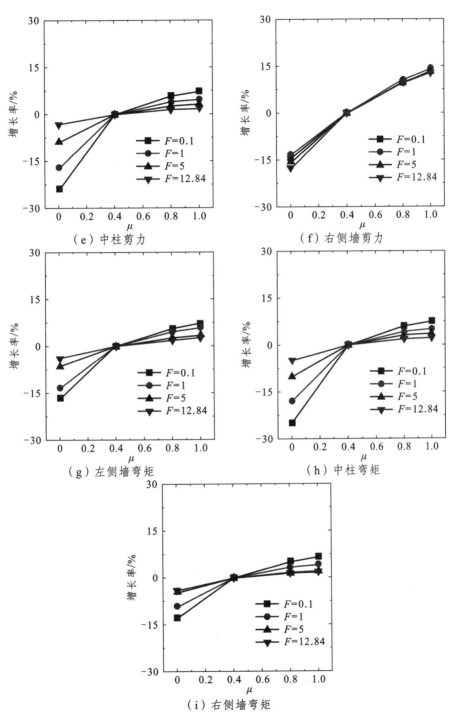

图 3-16　不同土-结构刚度比情况下截面内力反应增长率

3.5.3　土-结构交界面接触力

本节讨论不同土-结构刚度比情况下，地下结构周围四个部位的土压力和土剪力变化情况，当土-结构交界面摩擦系数取为 0.4 时，各个交界面接触力对比如图 3-17 所示。从图 3-17 可以看出，在水平竖向双向地震动作用时，除左右侧墙所受的土层剪力之外，其他各接触力随着土-结构刚度比 F 的增大基本上都呈现逐渐减小的趋势。相比之下，当土-结构刚度比从 0.1 变化到 12.84 时，左右侧墙所受的土压力变化幅度是最小的。

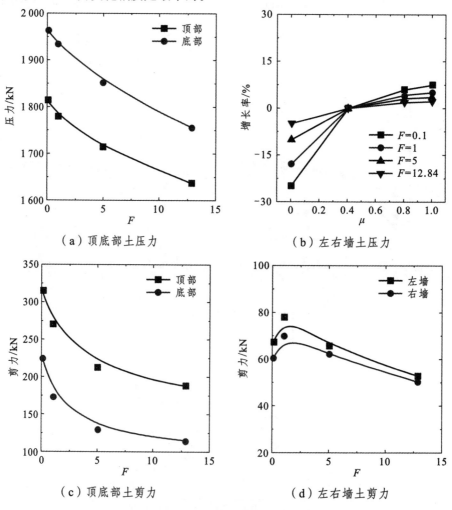

（a）顶底部土压力　　　　（b）左右墙土压力

（c）顶底部土剪力　　　　（d）左右墙土剪力

图 3-17　μ=0.4 时不同土-结构刚度比下交界面接触力

另一方面，同一土-结构刚度比情况下，地下结构周围四个部位的土压力和土剪力随着土-结构交界面的摩擦系数增大而呈现不同的规律。如图 3-18 所示，对于同一土-结构刚度比而言，以土-结构交界面摩擦系数取 0.4 时该刚度比情况下地下结构的动力反应为基准，分别评价其他土-结构交界面摩擦系数时该刚度比情况下地下结构周围四个部位的土压力和土剪力变化情况。总体上来看，同一土-结构刚度比情况下，结构顶部和底部所受的土压力随着土-结构交界面的摩擦系数的变化影响较小，增长率基本维持在±5%范围内。从图中也可以看出，在土-结构交界面摩擦系数大于 0.4 时，结构周围四个部位的土压力变化都不大。对于土-结构刚度比等于 0.1 的情况，也就是说地下结构刚度较大时，忽略土与

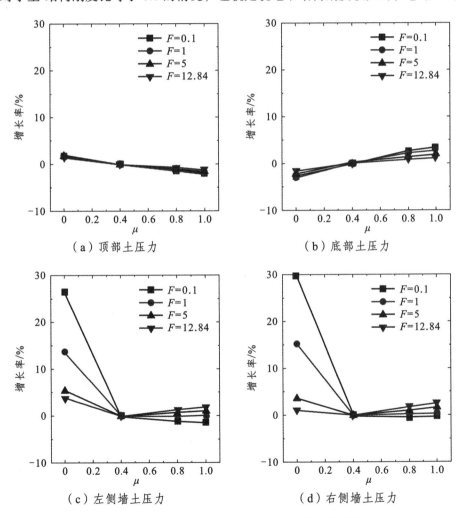

图 3-18　不同土-结构刚度比情况下土压力反应增长率

结构之间的摩擦作用，结构左右侧墙所受的土压力变化幅度在 30% 左右，而且结构刚度越大，这种影响也越显著。从图 3-19 可以看出，不同土-结构刚度比情况下，地下结构周围四个部位的土剪力随土-结构交界面的摩擦系数的变化规律基本一致。忽略土与结构之间的摩擦作用时，结构周围四个部位几乎不受土层剪力作用，所以出现增长率接近 -100% 的情况。尽管土-结构交界面摩擦系数的不同会带来土-结构交界面接触力的差异，有些接触力的差异可能高达 100%，但其对结构构件的截面内力的影响并没有太大。

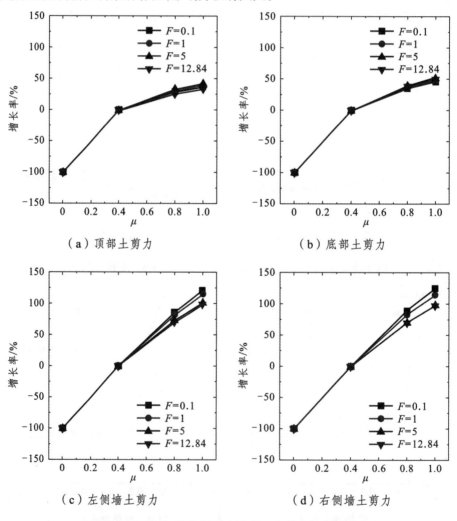

（a）顶部土剪力　　　　　　　　　　（b）底部土剪力

（c）左侧墙土剪力　　　　　　　　　　（d）右侧墙土剪力

图 3-19　不同土-结构刚度比情况下土剪力反应增长率

综合 3.4.1 节～3.4.3 节，在水平竖向双向地震动同时作用下，土-结构刚度比对地下结构的水平变形、关键截面内力和土-结构交界面接触面力均有显著的影响。其中，无论是忽略场地土与地下结构之间的摩擦接触，还是通过设置摩擦系数考虑场地土与地下结构之间的摩擦接触，土-结构刚度比对地震作用下结构水平变形的影响规律呈现单调递增的趋势。土-结构交界面摩擦系数对地下结构周围四个接触面的接触力有显著的影响，尤其对土层剪力的影响最大。相比柔性地下结构，刚性地下结构的动力响应受土-结构交界面摩擦系数的影响更为显著。因此可以判断，土-结构刚度比是影响地下结构地震反应的重要因素，各动力响应指标随刚度比的变化呈现不同的规律，后续的抗震设计应引起足够的重视，尤其是对于刚度较大的地下结构而言。

3.6　埋深比和接触面的影响

为研究地下结构埋深比对结构地震反应的影响，定义埋深比为土层表面至结构顶板距离与地下结构高度之比。根据研究内容需要，本节共设计 4 种不同埋深的数值计算模型，具体为 3 m、5 m、9 m 和 15 m，埋深比分别为 0.5、0.83、1.5 和 2.5。

在改变地下结构埋深的同时，本节也开展了同时改变场地土-结构交界面摩擦系数的对比工作。同 3.5 节一致，在土-结构交界面切向接触的摩擦系数方面，除了选取常用值 0.4 之外，也考虑了摩擦系数取为 0、0.8 及 1 的工况。其中，摩擦系数取为 0 时可以认为场地土与结构之间不传递切向的摩擦力。埋深比和接触面工况如表 3-5 所示，各工况命名规则如下：B 代表结构埋深比，U 代表土-结构交界面摩擦系数，B1、B2、B3 和 B4 分别表示埋深比为 0.5、0.83、1.5 和 2.5，U1、U2、U3 和 U4 分别表示土-结构交界面摩擦系数为 0、0.4、0.8 和 1。

表 3-5　埋深比和接触面工况列表

工况	地震动	土层密度比例/%	结构密度比例/%	结构弹性模量/GPa	结构埋深比	土-结构交界面摩擦系数
B1U1	双向	100	100	30	0.5	0
B1U2	双向	100	100	30	0.5	0.4
B1U3	双向	100	100	30	0.5	0.8
B1U4	双向	100	100	30	0.5	1
B2U1	双向	100	100	30	0.83	0
B2U2	双向	100	100	30	0.83	0.4

工况	地震动	土层密度比例/%	结构密度比例/%	结构弹性模量/GPa	结构埋深比	土-结构交界面摩擦系数
B2U3	双向	100	100	30	0.83	0.8
B2U4	双向	100	100	30	0.83	1
B3U1	双向	100	100	30	1.5	0
B3U2	双向	100	100	30	1.5	0.4
B3U3	双向	100	100	30	1.5	0.8
B3U4	双向	100	100	30	1.5	1
B4U1	双向	100	100	30	2.5	0
B4U2	双向	100	100	30	2.5	0.4
B4U3	双向	100	100	30	2.5	0.8
B4U4	双向	100	100	30	2.5	1

3.6.1 结构水平变形

同上一节类似,对不同地下结构埋深比 B,在进行土-结构动力时程分析时提取结构顶底板水平相对位移最大值,记为 D_{str},并提取该时刻自由场对应位置处土层的水平相对位移,记为 D_{ff}。与上一节不同的是,不同埋深比情况下自由场对应位置处土层的水平相对位移时不同的,即每一个埋深比均对应一个 D_{ff}。

在水平竖向双向地震动同时作用下,无量纲化后的土-结构相互作用系数 β 与埋深比 B 的关系如图 3-20 所示。由图 3-20 可知,同时考虑水平竖向双向地震动同时作用时,不同土-结构交界面摩擦系数情况下土-结构相互作用系数 β 随埋深比 B 的变化没有明显规律,但呈现的趋势基本一致。

另外,不同埋深比情况下结构变形反应增长率如图 3-21 所示,同一埋深比情况下,结构的水平变形随着土-结构交界面的摩擦系数增大而增大。由图 3-21 可知,当结构埋深比较大时,即地下结构有较大的埋深,此时结构的水平变形受土-结构交界面的摩擦系数影响越明显。相比之下,当地下结构埋深为 12 m 时,忽略场地土与结构之间的摩擦作用时结构的水平变形与土-结构交界面摩擦系数取 0.4 时结构的水平变形相差 15%左右。对于其他各埋深比而言,土-结构交界面摩擦系数取 0.4、0.8 和 1 时结构的水平变形反应并没有明显的差异,各自增长率均在 5%左右。

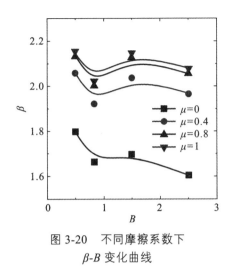

图 3-20　不同摩擦系数下
β-B 变化曲线

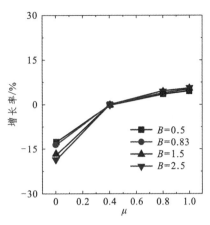

图 3-21　不同埋深比情况下结构变形
反应增长率

3.6.2　构件截面内力

本节讨论不同结构埋深比和土-结构交界面摩擦系数情况下，左右侧墙和中柱底部截面内力变化情况。当土-结构交界面摩擦系数取为 0.4 时，各个截面内力对比如图 3-22 所示。从图 3-22 可以看出，在水平竖向双向地震动作用时，各截面内力随着埋深比 B 的增大基本上都呈现单调增大的趋势。相比之下，当结构埋深比从 0.5 变化到 2.5 时，中柱底部的剪力和弯矩变化是最小的。

同一埋深比情况下，左右侧墙和中柱底部的截面内力随着土-结构交界面的摩擦系数增大而增大。不同埋深比情况下截面内力反应增长率如图 3-23 所示，对于同一埋深比而言，以土-结构交界面摩擦系数取 0.4 时该刚度比情况下地下结构的动力反应为基准，分别评价其他土-结构交界面摩擦系数时该刚度比情况下左右侧墙和中柱底部的截面内力变化情况。总体上来看，同一土-结构刚度比情况下，左右侧墙底部截面的轴力和弯矩，以及中柱底部截面的轴力随着土-结构交界面的摩擦系数的变化影响较小，增长率基本维持在±5%范围内。另外，从图 3-23 中也可以看出，左右侧墙底部截面的剪力和中柱底部截面的弯矩及剪力的增长率基本维持在±20%范围内，而且，不同结构埋深比下左右侧墙底部剪力的增长率曲线基本一致，表明土-结构交界面摩擦系数对不同埋深比的左右侧墙的剪力影响规律一致。对于各个不同结构埋深比的计算工况，不考虑土与结构之间的摩擦作用时左右侧墙底部截面的剪力较土-结构交界面摩擦系数取 0.4 时要小 20%左右，在其他截面内力值的减小比例最为明显。

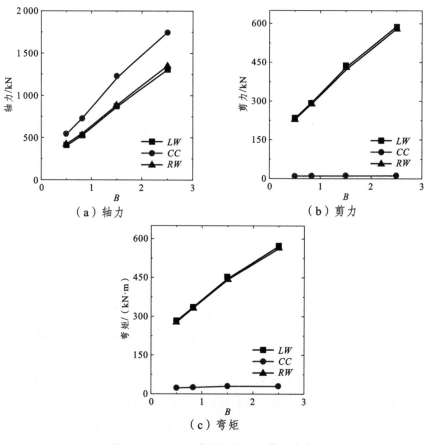

（a）轴力 （b）剪力

（c）弯矩

图 3-22 μ=0.4 时不同埋深比截面内力

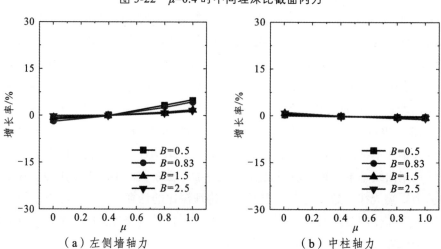

（a）左侧墙轴力 （b）中柱轴力

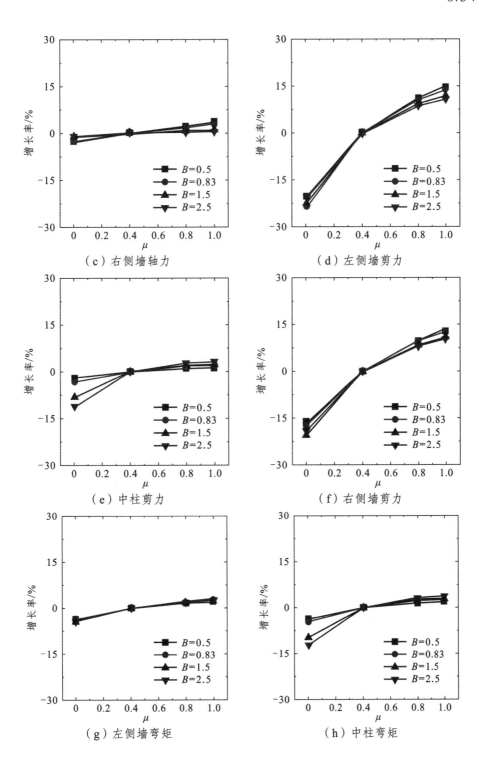

（c）右侧墙轴力

（d）左侧墙剪力

（e）中柱剪力

（f）右侧墙剪力

（g）左侧墙弯矩

（h）中柱弯矩

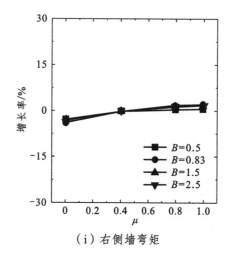

（i）右侧墙弯矩

图 3-23　不同埋深比情况下截面内力反应增长率

3.6.3　土-结构交界面接触力

本节讨论不同结构埋深比和土-结构交界面摩擦系数情况下，地下结构周围四个部位的土压力和土剪力变化情况，当土-结构交界面摩擦系数取为 0.4 时，各个交界面接触力对比如图 3-24 所示。从图 3-24 可以看出，在水平竖向双向地震动作用时，各接触力随着埋深比 B 的增大基本上都呈现单调递增的趋势。相比之下，当埋深比从 0.5 变化到 2.5 时，结构底板和左右侧墙所受的土剪力变化幅度是较小的。

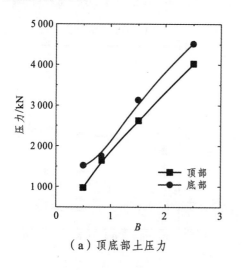

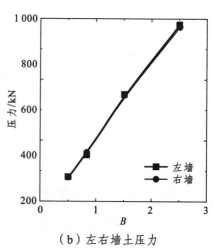

（a）顶底部土压力　　　　　　　　　（b）左右墙土压力

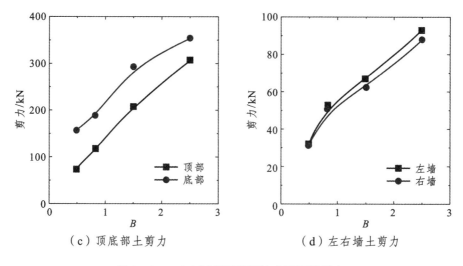

（c）顶底部土剪力　　　　　　　（d）左右墙土剪力

图 3-24　μ=0.4 时不同埋深比交界面接触力

　　另一方面，同一地下结构埋深比情况下，地下结构周围四个部位的土压力和土剪力随着土-结构交界面的摩擦系数增大而呈现不同的规律。不同埋深比情况下土压力反应增长率如图 3-25 所示，对于同一埋深比而言，以土-结构交界面摩擦系数取 0.4 时该刚度比情况下地下结构的动力反应为基准，分别评价其他土-结构交界面摩擦系数时该刚度比情况下地下结构周围四个部位的土压力和土剪力变化情况。总体上来看，同一埋深比情况下，结构顶部和底部所受的土压力随着土-结构交界面的摩擦系数的变化影响较小，增长率基本维持在±3%范围内。从图 3-25 中也可以看出，较土-结构交界面摩擦系数取 0.4 的计算工况，其他摩擦系数的计算工况下结构周围四个部位的土压力变化都不大。对于埋深比等于 0.5 的情况，也就是说地下结构埋深较浅时，忽略土与结构之间的摩擦作用，结构左右侧墙所受的土压力变化幅度在 10%左右。

　　图 3-26 为不同埋深比情况下结构周围土剪力增长率的对比曲线。从图 3-26 可以看出，不同埋深比情况下，地下结构周围四个部位的土剪力随土-结构交界面的摩擦系数的变化规律基本一致。忽略土与结构之间的摩擦作用时，结构周围四个部位几乎不受土层剪力作用，所以出现增长率接近-100%的情况。尽管土-结构交界面摩擦系数的不同会带来土-结构交界面接触力的差异，有些接触力的差异可能高达 100%，但其对结构构件的截面内力的影响并没有太大。

　　综合 3.5.1 节～3.5.3 节，在水平竖向双向地震动同时作用下，地下结构埋深比对地下结构的水平变形、关键截面内力和土-结构交界面接触面力均有显著的影响。其中，无论是忽略场地土与地下结构之间的摩擦接触，还是通过设置摩擦系数考虑场地土与地下结构之间的摩擦接触，埋深比对地震作用下结构水平变形的影响规律没有明显的变化趋势。土-结构交界面摩擦系数对地下结构周围四个接触面的接触力有显著的影响，尤其对土层剪力的影响最大。对于各种埋深比计算工况，土-结构交界面摩擦系数的变化对结构构件的截面内力值无明显影响。

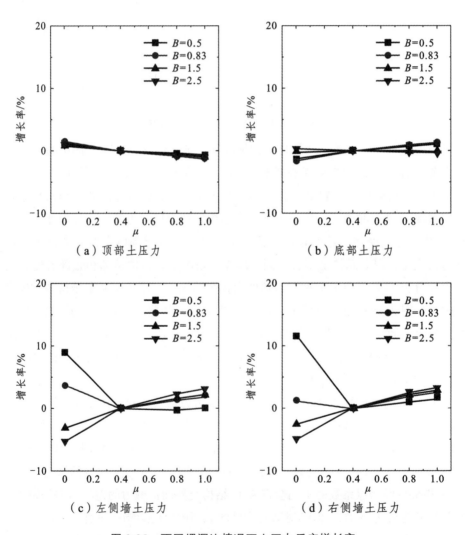

图 3-25　不同埋深比情况下土压力反应增长率

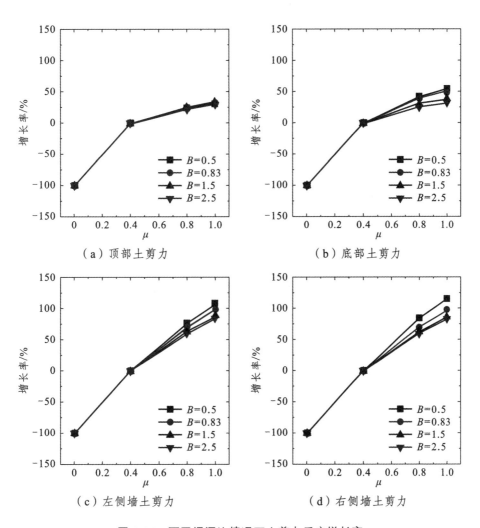

（a）顶部土剪力　　　　　　　　　　（b）底部土剪力

（c）左侧墙土剪力　　　　　　　　　　（d）右侧墙土剪力

图 3-26　不同埋深比情况下土剪力反应增长率

4

地下结构横向抗震
简化分析方法对比

4.1 引　言

地下结构抗震分析方法是随着国内外学者对地下结构动力响应特性的认识，以及近年来历次地震中地下结构震害的调查和分析等相关研究的不断深化而逐渐发展的。目前，针对地下结构抗震问题已提出多种分析理论和方法，从实用性的角度大致可以分为解析方法、数值方法和简化分析方法三大类。解析方法虽然具有完善的理论基础，但其采用了多种假设条件，适用范围较窄，尤其是当截面形式和场地土层参数比较复杂时，采用该方法并不能得到可靠的计算结果。数值分析方法随着计算机技术的发展现已成为研究地下结构地震反应的重要途径，但其计算量较大，不适宜工程推广应用。相比之下，简化分析方法通过近似的静力方法来解决动力问题，可以在一定程度上反映地下结构的动力反应特征，并且也具有一定的理论基础。因此，发展简便、实用的地下结构抗震分析方法具有十分重要的工程价值。

本章首先系统介绍目前国内外常见的地下结构抗震简化分析方法，包括地震系数法、自由场变形法、柔度系数法、反应位移法、反应加速度法和地下结构 Pushover 分析方法。针对各分析方法的计算模型、关键参数、优缺点及存在的问题进行较为系统的评述。最后采用这些简化分析方法计算某单层双跨地下结构在三条不同地震记录下的动力反应，并与严格的动力时程分析方法结果进行比较，分析各种方法在计算结构变形和截面内力方面的计算精度，为进一步发展和完善现有的地下结构抗震简化分析方法提供参考。

4.2 典型简化分析方法

4.2.1 地震系数法

地震系数法最早是针对地面建筑抗震问题提出的，该方法以静力理论为基础。由于缺乏对地下结构动力响应规律的认识，地下结构的早期抗震理论仍然采用了地震系数法的静力理论的思想。该方法认为地震发生时，地下结构和地面结构一样，受到惯性力的作用，并且认为惯性力是地下结构在地震荷载作用下所承受的主要荷载。我国早期的铁路隧道多是采用地震系数法进行抗震设计，然而这类隧道在 2008 年汶川地震中出现了不同程度的破坏，较为典型的有震区主要铁路线路内六线、成渝线、成昆线等[187]。

地震系数法忽略地下结构与周围土体之间的动力相互作用，假设地震过程中地下结构的各个部分与地面地震动一致，将随时间变化的地震荷载用某一特定的等效静力荷载代替并直接作用在结构上，再通过静力方法分析等效荷载作用下的结构反应。该方法由于形式简单，被广泛应用于我国早期铁路隧道的抗震设计中。《铁路工程设计技术手册　隧道》[188]采用地震系数法对隧道衬砌结构进行抗震分析，认为地震力作用引起的荷载包括：衬砌自重水平惯力、侧向土压力增量、上覆土体的水平惯性力、地震作用下围岩弹性抗力及地震时坍塌及落石冲击力。《铁路工程抗震设计规范》（GB 50111—2006）[26]和《建筑抗震设计规范》（GB 50011—2010）[30]等规范也将该方法列入其中。然而这些规范仅对地震系数法做了框架性描述，并未对其具体方法进行系统详细的说明。

施仲衡等[151]在《地下铁道设计与施工》中对浅埋框架地下结构抗震分析的地震系数法做了较为详细的介绍。当仅考虑地震荷载时，地震系数法把地震作用下地下结构所受的荷载分成两部分附加作用：一是结构所受的地震荷载，其中包括结构自身水平惯性力（F_1）、结构上覆土体的水平惯性力（F_2）和结构一侧土体的主动侧向土压力增量（Δe）；二是结构另一侧土体提供的抵抗力（P），其计算模型如图 4-1（a）所示[149]。

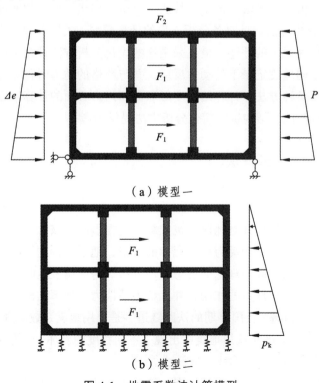

（a）模型一

（b）模型二

图 4-1　地震系数法计算模型

上海市工程建设规范《地下铁道建筑结构抗震设计规范》（DG/T J08-2064—2009）[189]中关于地震系数法（规范中称之为惯性力法）的计算模型如图 4-1（b）所示，其中 F_1 表示结构自身水平惯性力，p_k 表示呈三角形分布的地层水平抗力的最大值，可由与沿水平方向作用的等代地震荷载的平衡条件确定。

在地震系数法计算模型中，目前国内外学者研究较多的是土压力的计算和上覆土体计算高度的取值。Zhang 等[190, 191]提出一种能够用于评价从主动到被动状态之间的任意侧向位移条件下挡土墙地震土压力的实用计算方法；周健等[192]采用较高精度的地震反应分析方法，严格限定简化方法的适用范围，提出了合理实用的地震土压力简化计算方法。其次，上覆土体计算高度的取值对地震系数法的结果也有较大的影响。耿萍等[187]结合具体的工程实例，应用地震系数法对某铁路隧道设计方案进行抗震分析，发现当隧道埋深较大时，地震系数法夸大了隧道上覆土柱地震惯性力的影响。针对该现象，耿萍等[193, 194]又提出修正的地震系数法并给出隧道上覆土柱的合理计算高度。曹久林等[195]以成都地铁区间盾构隧道为例，采用地震系数法对不同地震烈度和不同埋深的条件下的隧道进行数值模拟，分析了上覆土柱引起的地震力与侧向土压力增量对衬砌结构内力的影响。

4.2.2 自由场变形法

20 世纪 60 年代，随着地下结构抗震研究工作的不断深入，Newmark 等[152]认为地下结构在地震动作用主要受周围土层变形影响为主，并非地震系数法所描述的惯性力。根据这一特点，Wang 等[153]和 Hashash 等[36]提出了自由场变形法。该方法认为地下结构在地震作用下的变形与相应位置处的自由场变形一致，忽略了地下结构抗侧刚度与周围土体之间存在的差异。当采用自由场变形法对地下结构进行抗震分析时，需要使结构产生一个与结构对应位置处的自由场相对变形一致的强制位移，并以此计算结构的地震反应。20 世纪 60 年代末，美国修建旧金山海湾区快速运输系统时所采用的地下结构抗震设计准则（BART 法），以及 80 年代洛杉矶地下铁道设计时提出的美国南加州快速运输局法（SCETD 法）均属于该类方法。

采用自由场变形法进行地下结构横断面的抗震设计时存在一个重要的假设，即地震作用下地下结构侧向变形与对应位置处自由场水平变形一致，也就是说此时的地下结构被假定和周围土体具有相同或相近的抗侧刚度。自由场变形法将地下结构底部简支，并将地震作用下结构位置处的自由场最大侧向变形作为结构的相对侧向变形直接施加在地下结构上，进而对结构进行静力计算。Wang 等[153]建议采用自由场变形法计算矩形断面形式的地下结构地震反应，计算模型如图 4-2 所示，将结构底部简支，采用在结构顶部施加水平集中荷载或在结构侧墙施加水平倒三角形分布荷载，对结构进行逐级加载，直至结构侧向变形达到自由场地震反应计算得到的相对变形值，并将此时结构的反应作为地震作用下地下结构的反应。

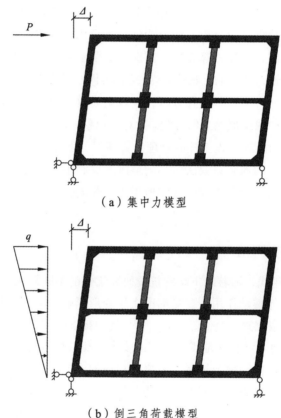

（a）集中力模型

（b）倒三角荷载模型

图 4-2　自由场变形法计算模型

自由场变形法的一个关键问题是确定结构的相对侧向变形值，实际上也是确定结构位置处对应土体的最大相对变形值。当地下结构所在场地为均匀场地时，其变形可通过弹性波动理论等方法[154-157]确定；当地下结构所在场地条件比较复杂时，采用弹性波动理论往往不能准确获得自由场相对变形，此时通常采用数值分析的方法，其中比较常用的有等效线性化程序 SHAKE91、EERA 和土层非线性地震反应分析软件 RSLNLM 等。此外，也可以采用动力时程分析方法对自由场进行时域内的地震反应分析。

在确定了地下结构最大侧向变形值后，采用合适的加载模式使地下结构达到最大变形是自由场变形法的另一个重要问题。Wang 等[153]在对自由场变形法的分析中指出，地震作用下地下结构顶板所受的土层剪力和侧墙所受的侧向土压力是影响地下结构地震变形的最主要的两个因素。因此，针对不同埋深情况下的地下结构抗震分析建议了两种不同的加载模式：当地下结构埋深比较大时，结构顶板所受土层剪力对地下结构的侧向变形贡献较大，此时在结构顶部逐级施加集中荷载进行计算较为合理；而当地下结构埋深比较小时，结构侧墙所受的土压力对地下结构的侧向变形贡献较大，此时在结构侧墙逐级施加倒三角形分布荷载进行计算较为合理。

4.2.3 柔度系数法

自由场变形法假设结构的变形与周围土体侧向变形一致，忽略了结构和周围土体的变形不协调性。然而在实际工程中，地下结构的刚度和周围土体的刚度往往存在较大差异，也就是说，地下结构的存在将对土层变形产生影响。Penzien 等[158]根据地震波动场分析的基本思想，以及地下结构地震时变形与周围土层地震变形相互协调的地震观测结果建立了柔度系数法，也称土-结构相互作用系数法。由于柔度系数法比自由场变形法更为合理，目前柔度系数法也是美国地下结构抗震设计的主要方法。

柔度系数法认为在地震作用下，土体和结构会产生较为复杂的相互作用，一般来说，地下结构比周围土体"硬"，结构将抵抗周围土体所施加的变形。另一方面，当地下结构比周围土体"软"，结构周围土体的变形可能大于自由场的变形。由此可见，结构与周围土体之间相对刚度比对结构变形的响应起着至关重要的作用。该方法是建立在自由场变形法的基础之上，同时考虑地震作用下地下结构与周围土体因各自抗侧刚度不同而引起的相互作用，此时地下结构在地震作用下的相对侧向变形可通过地下结构位置处对应自由场在地震作用下的最大相对变形值乘以土-结构相互作用系数求得。也就是说，柔度系数法可通过土-结构相互作用系数确定地下结构的相对侧向变形，并采用与自由场变形法一致的计算模型进行结构内力反应分析。

从柔度系数法的基本假设可知，其计算模型与自由场变形法一致，关键参数除自由场的最大变形值以外还有土-结构相互作用系数。土-结构相互作用系数 β 是地震作用下结构的等效剪应变和对应位置自由场剪应变的比值，可通过土-结构刚度比 F 确定。土-结构相互作用系数 β 可按下式计算：

$$\beta = \frac{4(1-v_s)}{1+\alpha_s} \tag{4-1}$$

式中：v_s 为土体的泊松比；α_s 可通过式（4-2）计算。

$$\alpha_s = (3-4v_s)\frac{k_{str}}{k_{soil}} \tag{4-2}$$

综合式（4-1），土-结构相互作用系数 β 可进一步表述为

$$\beta = \frac{4(1-v_s)F}{F+(3-4v_s)} \tag{4-3}$$

文献[153]通过大量数值计算，总结出了相互作用系数 β 随土-结构刚度比 F 变化的关系曲线如图 4-3 所示。另外，徐丽娟等[196]、姚小彬等[197] 和 Tsinidis[198] 采用动力有限元方法分析了土与地下结构的相对刚度对地下结构地震反应的影响，并对相互作用系数 β 与土-结构刚度比 F 关系曲线进行了补充。总的来说，根据式（3-1）确定的土-结构刚度比 F 和图 4-3 给出的相互作用系数 β 随土-结构刚度比 F 变化的关系曲线，以及自由场的最大变形便可确定柔度系数法中结构的最大变形值，并以此作为计算地下结构地震反应的依据。

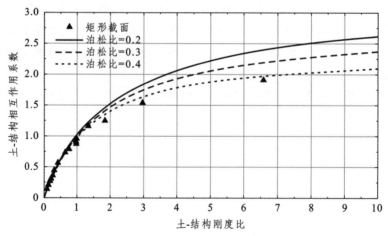

图 4-3　相互作用系数 β 与土-结构刚度比 F 关系曲线

4.2.4　反应位移法

地震过程中，地下结构的动力响应规律与地上结构有着很大的差异，国内外学者通过震害调查、试验研究和理论分析等途径，对地下结构在地震作用下的动力反应规律进行了大量的研究工作，结果表明地下结构在地震作用下与周围土体共同运动，结构的位移、速度和加速度等反应均与周围土体基本一致[159, 160]，

根据地下结构在地震中的这一响应特征，日本学者提出反应位移法[161]。反应位移法认为地下结构在地震时的反应主要取决于周围土层的变形。同时，考虑到地下结构与周围土体之间抗侧刚度的不同，通过引入地基弹簧定量表示结构与土体之间的相互作用。反应位移法将地下结构的横断面模型化为框架式结构，周围施加上地基弹簧，将结构深度方向的位移差作为地震荷载施加在弹簧上，以此来计算结构的内力反应。

当采用反应位移法对地下结构进行抗震分析时，需要考虑的荷载有三部分：土层相对位移、结构自身水平惯性力和结构周围土层剪力，其计算模型如图 4-4 所示。《城市轨道交通结构抗震设计规范》（ GB 50909—2014 ）[31]规定，在反应位移法中，根据地下结构顶底板位置处自由场发生最大相对水平位移时刻的土层位移分布确定土层相对位移，即相对于结构底板位置处的位移，并施加于结构两侧面压缩弹簧及上部剪切弹簧远离结构的端部。结构自身的惯性力可将结构物的质量乘以最大加速度来计算，作为集中力可以作用在结构形心上。为提高计算精度，也可以按照各部位的最大加速度计算结构的水平惯性力并施加在相应的结构部位上。结构上下表面的土层剪力可由自由场土层地震反应分析来获得，等于地震作用下结构上下表面处自由土层的剪力；也可以采用反应谱法计算土层位移，通过土层位移微分确定土层应变，最终通过物理关系计算土层剪力。结构侧墙处所受的土层剪力近似取为上下表面土层剪力的平均值。反应位移法理论基础完善，目前已被广泛应用于城市地铁车站结构及区间隧道的抗震设计。

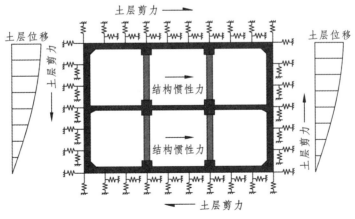

图 4-4　反应位移法计算模型

严格意义上的地基弹簧求解应为图 4-5 所示，将孔洞周边各个节点固定，当第 i 个节点在 x 方向上施加单位位移，即 d_{ix}=1 时，在第 j 个节点 x 方向上引

起的反力记为 R_{ixjx}，y 方向上引起的反力记为 R_{ixjy}。所得的反力矩阵通过变换，将得到如式（4-4）所示的地基土弹簧刚度系数矩阵。

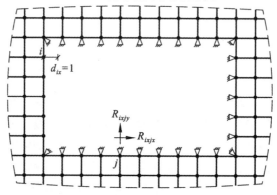

图 4-5　严格意义的地基弹簧求解模型

$$[k] = \begin{bmatrix} k_{1x1x} & k_{1x2x} & \cdots & k_{1xnx} & k_{1x1y} & k_{1x2y} & \cdots & k_{1xny} \\ k_{2x1x} & k_{2x2x} & \cdots & k_{2xnx} & k_{2x1y} & k_{2x2y} & \cdots & k_{2xny} \\ \vdots & \vdots & & \vdots & \vdots & \vdots & & \vdots \\ k_{nx1x} & k_{nx2x} & \cdots & k_{nxnx} & k_{nx1y} & k_{nx2y} & \cdots & k_{nxny} \\ k_{1y1x} & k_{1y2x} & \cdots & k_{1ynx} & k_{1y1y} & k_{1y2y} & \cdots & k_{1yny} \\ k_{2y1x} & k_{2y2x} & \cdots & k_{2ynx} & k_{2y1y} & k_{2y2y} & \cdots & k_{2yny} \\ \vdots & \vdots & & \vdots & \vdots & \vdots & & \vdots \\ k_{ny1x} & k_{ny2x} & \cdots & k_{nynx} & k_{ny1y} & k_{ny2y} & \cdots & k_{nyny} \end{bmatrix} \quad (4\text{-}4)$$

图 4-4 所示的计算模型中，以集中地基弹簧来反映一定面积的土层作用，因此需要将基床系数（即单位面积地基弹簧刚度）乘以作用面积换算为相应的地基弹簧刚度。《城市轨道交通结构抗震设计规范》（GB 50909—2014）[31]指出，基床系数可以采用静力有限元法计算。如图 4-6 所示，取一定宽度和深度的土层有限元模型，除去结构位置处土体，将模型侧面和底面边界固定，在此模型中土层的弹性常数根据地震反应分析或场地试验确定。在孔洞的各个方向施加均布荷载 q，然后分别计算各种荷载作用下的变形 δ，得到基床系数 $K=q/\delta$。出于简化考虑，假设结构同一个面上的弹簧性质相同，即弹簧刚度一致，因此结构在均布荷载 q 的作用下某一面的变形 δ 应为该面各个结点变形的平均值。其中，对于矩形结构而言，顶底板处位置处基床系数不同，应分别进行计算。确定基床系数后，地基弹簧的刚度可按下式计算：

$$k = KLd \quad (4\text{-}5)$$

式中：k 为压缩或剪切地基弹簧刚度（N/m）；K 为基床系数（N/m³）；L 为地基

弹簧的间距（m）；d 为地层沿地下结构纵向的计算长度（m）。

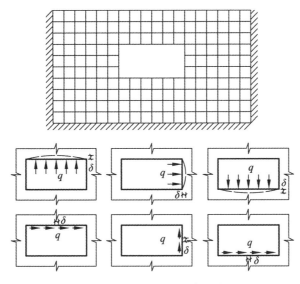

图 4-6　简化形式的地基弹簧求解模型

　　反应位移法中的一个关键参数是确定地基弹簧刚度，地基弹簧刚度的确定也将直接影响计算结果的精确度。林皋[34]在基于以往大量工程经验的基础上，根据土体剪切模量和剪切波速拟合，提出了计算土体压缩和剪切弹簧系数的实用经验公式。但拟合公式的形式和取值都具有一定的人为性，虽然能够适用于大多数情况的弹簧系数的求解，但是对于某些土层参数，以及地下结构形式都比较复杂的情况而言，该方法求解误差较大。蒋通等[199, 200]基于薄层法和容积法求解出了层状地基中隧道的轴向、垂直和水平阻抗函数，并以此求解相应方向的弹簧系数。王文沛等[201]研究并证明了薄层法具有良好的适用性，但是该方法需要用到地下结构和同结构体积土体的刚度矩阵，以及挖空土体节点群柔度矩阵，对实际工程来说，实用性较差。黄茂松等[202]基于二维平面弹性理论的复变函数方法，将不规则的截面形式通过映射函数转化成单位圆的形式，得到正方形地下结构弹簧系数的解析解，但是该方法采用的映射函数并不能完全精确地反应各种复杂地下结构的截面特点。董正方等[203, 204]对浅埋盾构隧道地基弹簧给出了解析解，并提出了基于地层位移差的反应位移法。静力有限元法为现今最为广泛使用的弹簧系数求解方法，该方法基于局部变形理论中的 Winkler 假设，认为弹性地基某点上施加的外力只会引起该点的变形而与其他点所受荷载无关，同时假定弹性抗力与变形成正比[31]。静力有限元法分别在去除结构的孔洞土体四个侧面分别施加垂直向和水平向的作用力，然后根据各侧面的位移来确定各面的弹簧系数，是一种较为准确的求解方法。目前常用的为孔洞周边各面分别计算的方法，至少需要进行 6 次有限元计算，计算量较大，同时又难以反应地基弹簧之间的相互作用。李亮等[205]和宾佳等[206]针对地基弹簧求解次数的问题进行了简化处理，提出了不同形式的整体求解地基弹簧刚度的方法，提高了计算效率并验证了其有效性，但是这些方法都只适合矩形和圆形的规则截面形式。李英民等[207]则通过有限元计算，给出了地基弹簧的拟合公式。

从传统反应位移法的计算模型来看，在实际应用过程中经典反应位移法采用集中地基弹簧来模拟结构周围土层，而离散的地基弹簧之间互不相关，无法真实反映土层自身存在的相互作用。这将造成结构约束情况与实际工程不符，特别是在结构角部，离散的地基弹簧无法形成有效约束。针对这一问题，刘晶波等[162, 163]对反应位移法进行了改进，采用土-结构相互作用模型提出了两种不同形式的整体式反应位移法，计算模型分别如图 4-7 和图 4-8 所示。

整体式反应位移法一的计算模型如图 4-7 所示，从计算模型来看，整体式反应位移法一采用土-结构相互作用模型进行分析，其地基弹簧采用土层有限元模型代替，能够准确地反映周围土层对地下结构的约束作用，特别是对结构角部的有效约束。从计算参数选取来看，整体式反应位移法一避免了地基弹簧系数带来的误差；从计算工作量来看，整体式反应位移法一避免了确定地基弹簧系数引起的计算工作量，大大节约了计算成本。在地震荷载方面，整体式反应位移法一和传统反应位移法的主要区别则体现在土层位移引起的等效地震荷载上，它是在除去结构的土层有限元模型中将土-结构交界面强制拉到自由场变形位置处，此时结构位置处节点反力即为土层变形引起的地震作用。

整体式反应位移法二的计算模型如图 4-8 所示，它与整体式反应位移法一的主要区别体现在结构周边界面土层剪力的计算。由于整体式反应位移法二在计算土层位移引起的等效地震荷载和结构周边界面土层剪力所采用的计算模型具有相同的位移边界条件，因此整体式反应位移法二将二者进行合并，相当于建立连续自由场土层模型（不挖去结构所占土体），在交界面位置处施加自由场位移，交界面内施加自由场惯性力，此时交界面位置处的反力即为由土层位移引起的等效荷载与结构周边土层剪力之和，称为等效输入地震动荷载。相比整体式反应位移法一而言，整体式反应位移法二中的等效输入地震动荷载求解方法简单，并且可以考虑复杂断面形式的地下结构地震反应，极大地拓宽了反应位移法的适用范围。

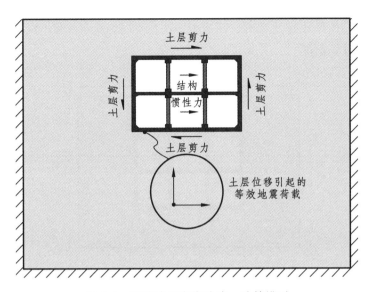

图 4-7　整体式反应位移法一计算模型

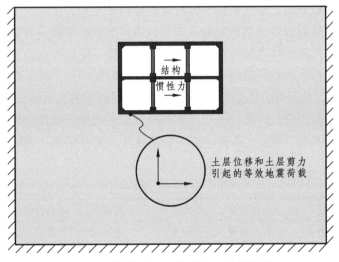

图 4-8　整体式反应位移法二计算模型

禹海涛等[208]针对反应位移法在地下结构抗震设计和分析中存在的诸多问题，依据反应位移法的基本原理，在充分考虑土-结构相互作用及地层剪应力分布模式的基础上，提出一种基于地层-结构模型的反应剪力法。考虑到地震动作用下土体与结构间多为均匀剪切作用，反应剪力法把地震荷载等效为地层剪力，将地层剪力施加在地层-结构模型上，通过静力计算求解结构地震反应，其计算模型如图 4-9 所示。并且通过变化所选取的计算范围发现，当地层-结构模型边界尺寸取为结构尺寸的 5 倍时，反应剪力法在不同场地条件和不同断面形式下都有较好的计算精度。

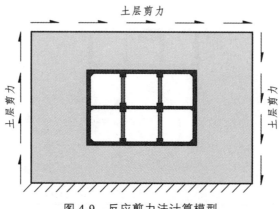

图 4-9　反应剪力法计算模型

表 4-1 总结了本节中介绍的传统反应位移法，以及基于此方法提出的几种典型的简化分析方法。总的来说，传统反应位移法具有一定的理论基础，也是目前地下结构抗震设计中常用的分析方法；两种形式的整体分析方法可以很好地反映结构与周围土体之间的相互作用，而且整体式反应位移法二更是进一步扩展了反应位移法的适用范围，从简单的矩形断面推广到了任意形式的复杂断面；相比之下，反应剪力法中将等代土体单元上下表面的土层剪力平均化处理，并将等代土体范围进行扩充，等代土体的所有单元的剪应变都相同这一假定与实际情况可能不符。因此，后续讨论中仅针对表 4-1 中的前三种简化分析方法开展。

表 4-1　不同反应位移法对比

分析方法	地基弹簧	土层位移	土层剪力	结构惯性	适用范围
传统反应位移法	集中弹簧	考虑	考虑	考虑	矩形断面
整体式反应位移法	完整土体	考虑	考虑	考虑	矩形断面
整体式反应位移法	完整土体	考虑	考虑	考虑	复杂断面
反应剪力法	部分土体	不考虑	考虑	不考虑	复杂断面

4.2.5　反应加速度法

除了两种形式的整体式反应位移法和反应剪力法以外，上述各简化分析方法在对地下结构进行地震反应分析时，均是将结构与周围土体分开考虑，其中绝大多数方法未考虑土-结构相互作用，反应位移法通过引起地基弹簧的概念来间接反映土-结构相互作用，但地基弹簧刚度的计算存在太多不确定因素。为准确反映地下结构与周围土体之间的相互作用，日本学者提出反应加速度法[164, 165]。目前为止，反应位移法和反应加速度法均被纳入我国规范[31]。

反应加速度法的基本模型是将土划分为二维平面应变有限元，结构作为梁单元与其连接。计算地震荷载的方法也是要首先进行一维土层反应计算，选取地下结构顶底板位置发生最大相对位移作为计算时刻，将此时随土层深度分布的水平向加速度值以体力的方式转化成节点力，施加到有限元模型的各个相应节点上，其计算模型如图 4-10 所示。

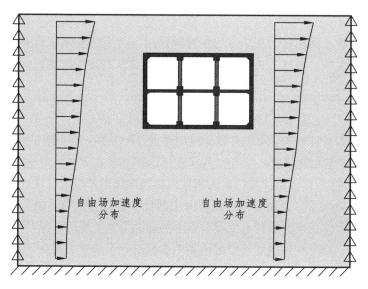

图 4-10　反应加速度法计算模型

反应加速度法的关键参数是水平有效反应加速度，目前常采用的方法是通过自由场地震反应分析方法获得。以地下结构顶、底板位置处对应土层发生最大相对变形时刻或地面与基岩处发生最大相对变形时刻的土层剪应力分布计算有效反应加速度，如图 4-11 所示。

此时，对第 i 层土体单元进行受力分析，其运动方程为

$$\tau_i - \tau_{i-1} + m\ddot{u} + c\dot{u} = 0 \tag{4-6}$$

式中：τ_{i-1}、τ_i 分别为地下结构顶底板发生最大相对变形或地面与基岩发生最大相对变形时第 i 层土体单元顶部与底部的剪应力，当 $i=1$ 时，$\tau_0=0$；m 为土体单元质量；c 为土体阻尼系数；$\ddot{u}$、$\dot{u}$ 分别为土体单元加速度和速度。

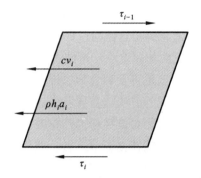

图 4-11 水平有效惯性加速度求解方法

为了反映土体惯性力和阻尼力的共同作用，可采用土体单元的变形来计算有效反应加速度，通过公式（4-6）中的应力项计算有效反应加速度：

$$a_i = \frac{\tau_i - \tau_{i-1}}{\rho_i h_i} \tag{4-7}$$

式中：a_i 为第 i 层土体单元的有效反应加速度；ρ_i 为第 i 层土体单元的密度；h_i 为第 i 层土体单元的厚度。

刘如山等[164]在分析反应位移法和反应加速度法的基础上，从一维自由土层反应的剪应力入手，采用先对一维自由土层反应剪应力沿铅直向微分，然后再将其作为水平体荷载离散到有限元节点上的加载方法。董正方等[165]通过近似考虑场地影响，对反应加速度法中的地震动参数进行了修正，提高了计算精度。

4.2.6 Pushover 分析方法

Pushover 分析方法是一种简便有效的结构抗震分析方法，这种方法既比较简单，又可以比较准确地评估地震作用下结构的反应情况，因而在地上建筑结构的抗震分析与设计中得到了广泛的研究和应用[209, 210]。由于地下结构与地上结构的地震反应规律和特点并不完全相同，比如地下结构的地震反应主要受周围场地变形的影响，而不像地上结构那样主要受地震惯性力的影响。借鉴反应加速度法和地上结构 Pushover 分析方法的思想，刘晶波等[166-168]提出地下结构Pushover 分析方法，该方法多被应用于地下结构抗震的科学研究，目前还很少在实际工程中得到应用。

在对土-结构系统进行 Pushover 分析时，分别建立土-结构相互作用分析模型和附加自由场模型，如图 4-12 所示。考虑在整个计算模型中施加单调递增的水平惯性体积力，这一点可以通过对各土层和地下结构按照其所在的深度位置施加相应的单调递增水平等效惯性加速度来实现，并通过附加自由场模型的变形来控制地震动输入强度。

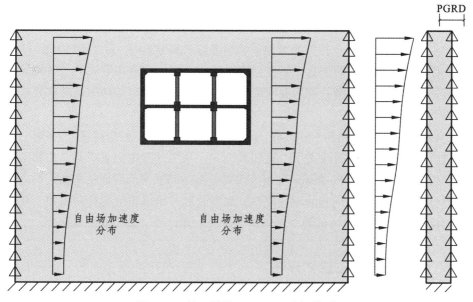

图 4-12　地下结构 Pushover 分析模型

　　与地上结构 Pushover 分析方法类似，地下结构 Pushover 分析方法的关键参数是地面与基岩间的峰值相对位移（PGRD）和水平等效惯性加速度分布形式。刘晶波等[134, 211]研究表明：相对于设计地震动加速度（PGA），地面与基岩间的峰值相对位移（PGRD）更适合作为地下结构抗震分析的设计地震动参数。PGRD的确定方法如下：选择 N 条具有相同峰值加速度 PGA 的地震动，通过一维土层地震反应分析方法计算自由场在每条地震波作用下的地震反应，求得 N 个对应的 PGRD 值，由此可以得到 PGRD 的期望值或有一定保证率的设计用 PGRD 值，这一 PGRD 值可作为地下结构 Pushover 分析方法的目标位移[149]。该确定方法也将设计地震动加速度 PGA 与地面峰值相对位移 PGRD 联系起来。

　　地下结构 Pushover 分析方法的另一个关键点是确定水平等效惯性加速度分布形式，目前主要有三种[167]：（1）直接采用在输入地震动作用下，自由场各土层有限元模型节点的绝对峰值加速度分布；（2）同反应加速度法一致，考虑土体处于最大剪应变状态时，通过式（4-7）计算有效水平加速度分布；（3）考虑地下结构在地震动作用下以一阶振型为主，同时借鉴地上结构抗震设计的思想，采用倒三角水平加速度分布形式。第 i 层土的水平等效惯性加速度可以表示为

$$a_i = \frac{H - H_i}{H} a_0 \qquad\qquad (4\text{-}8)$$

式中：H 为模型总高度；H_i 为该层土单元中心距离地表的高度；a_0 为地面峰值加速度。

当采用 Pushover 分析方法对地下结构进行抗震分析时，需要同时对土-结构相互作用分析模型和附加自由场模型逐级施加具有一定分布形式的水平荷载，一直到附加自由场模型达到所要求的目标位移，并将此时结构的反应作为地震作用下结构的反应。

目前，关于地下结构 Pushover 分析方法的研究较少，杨智勇等[169]在对一盾构隧道进行抗震分析时改进了上述加载模式，采用直接施加水平侧向位移的形式；Chen 等[170]采用 Pushover 分析方法对上海一四层三跨的地铁车站结构进行抗震分析，周围土体用等效荷载代替，加载制度采用多点位移控制模式，获得了结构的侧向力-侧向位移的全过程能力曲线，并评价了结构的薄弱部位。

4.3　简化分析方法总体评述

随着国内外学者对地下结构地震反应认识的不断深化，地下结构抗震简化分析方法总体来说正在日趋完善。上述各简化分析方法一般都是基于实际震害调查结果或在理论推导的基础上采取一定的假设和简化处理，因此在很大程度上不能体现地下结构的动力反应特性，尤其是土与结构之间的相互作用以及边界条件等方面，这也使得各方法的计算精度和适用范围往往受到限制。另外，上述各简化分析方法都忽略了一个关键问题——竖向地震荷载对地下结构地震反应的影响。相关研究表明，竖向地震动有可能是引起地下结构破坏的关键因素[22, 212]。因此，发展和完善考虑竖向地震荷载作用的地下结构抗震简化分析方法是地下结构抗震分析方法改进的重点。本节将根据是否考虑土-结构相互作用进行分类，从各简化分析方法所采用的基本假设和计算模型等对其优缺点及可能存在的关键问题等方面进行简要评述。

4.3.1　不考虑土-结构相互作用

不考虑土-结构相互作用的简化分析方法主要有地震系数法和自由场变形法。地震系数法由于形式相对简单，以及缺乏对地下结构地震反应的认识，以至于在较长一段时间里被应用于地下结构抗震分析中。该方法中过多简化计算误差也是显然的，其存在的主要问题有：（1）对于地下结构，地震加速度反应在结构高度方向上的分布并不完全一致，且与地表地震动加速度反应往往有较大的差异，直接采用地表加速度值进行计算不尽合理；（2）在进行受力分析时，假设上覆土体惯性力全部作用在结构上，而实际结构仅承担了其中的部分荷载，该处理方式与实际不符；（3）在确定主动侧向土压力增量时，土的力学指标采用的都是静力状态指标，与土体在地震动作用下的力学指标明显不符；（4）该方法忽略了周围土体刚度对结构变形等的限制。

自由场变形法将土层变形作为地下结构抗震设计的关键控制因素，符合当前对地下结构抗震的认识。而且，现有的自由场变形的求解方法相对比较成熟，在不同场地条件、不同地震动作用下都能较简单地求解自由场的变形。然而，由于地下结构刚度与所在场地的土层刚度往往不同，对于这种情况地下结构变形与自由场变形也将明显不同，此时如果直接将自由场变形作为结构变形将导致不正确的计算结果。另外，自由场变形法的计算模型将地下结构简支无法准确反映周围土层对结构的约束作用。虽然 Wang 等[153]推荐不同埋深条件下地震荷载形式可等效为作用在侧墙的集中力或三角形分布力，但实际地下结构在地震作用下产生的变形形式比较复杂，无论是集中荷载还是倒三角形分布荷载均无法真实体现地下结构在地震作用下的受力特点。

4.3.2　粗略考虑土-结构相互作用

本节将柔度系数法和反应位移法定义为粗略考虑土-结构相互作用的简化分析方法。柔度系数法是在自由场变形法的基础上发展而来的，也初步实现了考虑土-结构相互作用的思想。引入的土-结构相互作用系数能在一定程度上反映地下结构变形与自由场变形因抗侧刚度不同存在的比例关系。目前，在计算土-结构相互作用系数时只考虑结构-土柔度比为主的因素，而结构形式、结构尺寸、结构埋深等因素的影响往往被忽略，因此确定的土-结构相互作用系数可能不准确，并最终导致结构相对侧向变形的计算误差。另外，由于采用和自由场变形法相同的计算模型，柔度系数法也存在上述自由场变形法所具有的缺点。

反应位移法通过引入地基弹簧来体现地震作用下土-结构间相互作用，并考虑土层相对位移、结构惯性力和结构周围土层剪力三部分荷载。该方法考虑到了地下结构地震反应的特点，能够较为真实地反映结构的受力特征，是一种有效的设计方法。然而，对于地基弹簧刚度而言，无论是通过载荷试验，或者经验公式，还是根据静力有限元分析都难以准确确定，而且地基弹簧的取值是影响地下结构地震反应计算结果的一个非常显著的因素，因此该方法不可避免地引起一定的计算误差。另外，规范推荐的反应位移法计算模型采用的是集中地基弹簧，对结构进行受力分析时结构周围弹簧单元之间互不相关，无法体现实际土体自身的相互作用的特点。除此之外，土层相对位移无论是采用规范推荐的余弦函数分布形式还是通过一维自由场地震反应分析确定，均无法正确反映地下结构在地震作用下的实际变形。

4.3.3 完整考虑土-结构相互作用

建立土-结构整体分析模型的分析方法可以称之为完整考虑土-结构相互作用的简化分析方法，包括两种形式的整体式反应位移法、反应加速度法和Pushover 分析方法。整体式反应位移法规避了传统反应位移法由于集中地基弹簧所带来的计算量和计算误差。反应加速度法采用土-结构相互作用模型，通过产生的水平惯性力来模拟地震作用，该方法也避免了反应位移法中确定地基弹簧的计算过程和计算误差。在对土-结构整体分析模型施加地震荷载时考虑了反应位移法忽略的阻尼力的影响，理论基础相对更为完善。此外，该方法也存在一定的缺陷，例如，输入的地震动荷载是从自由土层的反应加速度转换而成，以此求出土层的反应位移。这在动力学理论上看，只是某种程度的近似，假设土层反应以一阶振型为主时，该方法精度尚可；当地下结构尺寸较大且地下结构的存在对自由场地震反应影响较明显时，仍采用式（4-7）所计算的地震荷载将存在一定的误差，并最终导致反应加速度法的计算误差。

地下结构 Pushover 分析方法与反应加速度法类似，其计算模型也采用土-结构相互作用模型，通常采用倒三角形分布形式的水平荷载作为地震作用进行加载。该方法概念清晰，适用于复杂断面结构形式。除此之外，采用 Pushover 分析方法对地下结构进行抗震分析时，可以考虑强震作用下土体与结构的非线性，从而实现罕遇地震作用的弹塑性分析，预测地下结构构件弹性-开裂-屈服-弹塑性-承载力下降的全过程，判断塑性铰出现的顺序和分布，以及结构的薄弱环节等，并最终获得地下结构完整的能力曲线。但是当地下结构所在土层条件复杂，特别是存在软弱夹层等情况时，仍然采用常规的倒三角形分布形式的水平荷载作为地震作用进行加载不尽合理。

4.4 实例分析对比研究

4.4.1 计算模型与参数

本节选取的场地和结构计算模型与参数同第 3 章一致，即如图 3-1 所示的典型单层双跨地下结构。值得说明的是，本节主要讨论地震荷载下各简化分析方法的计算精度，因此，本节后续所讨论的计算结果仅包含地震荷载作用，由重力荷载所引起的结构变形和截面内力的变化未体现在计算结果中。

同时，为了反映不同频谱成分的地震动记录对地下结构地震反应的影响，输入地震动包含如图 4-13 所示的三条记录，分别为 Chi-Chi 地震动，Duzce 地震动和 Manjil 地震动，并对三条地震动记录的幅值进行调整，取峰值加速度为 0.1g。另一方面，为了比较各种简化分析方法在常规工程应用中的计算精度，在图 3-1 所示模型的基础上，改变结构的刚度进行对比。结构弹性模量除了取 30 GPa 以外，还包含 6 GPa、60 GPa、150 GPa 和 300 GPa；相应地，中柱弹性模量除了取 6 GPa，还包含 1.2 GPa、12 GPa、30 GPa 和 60 GPa。不同结构刚度时各简化分析方法的计算结果均与相应的动力时程分析方法进行对比，其中动力时程分析方法采用本书第 2 章所建立的土-地下结构整体动力时程分析方法。

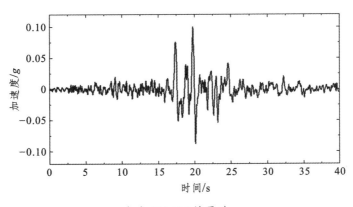

（a）Chi-Chi 地震动

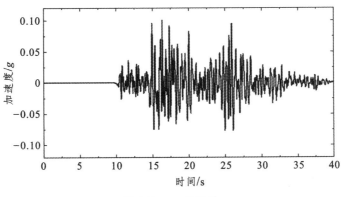

（b）Duzce 地震动

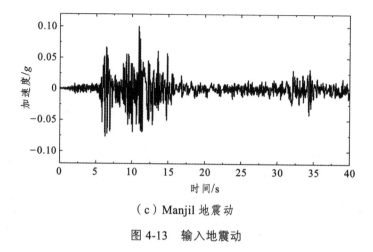

（c）Manjil 地震动

图 4-13　输入地震动

4.4.2　自由场动力反应

对于地下结构横断面抗震简化分析方法而言，一般需首先进行自由场的地震反应分析。因此，本节首先讨论不同地震动作用下，自由场的地震反应的差异。根据上述相关规范的描述，在进行地下结构横断面的反应位移法和反应加速度法分析时，土层相对位移、土层加速度和土层剪力等相关等效地震荷载选取时刻均是地下结构顶底板相对位移达到峰值时刻。图 4-14 分别列出了地震作用下地下结构顶底板位置处自由场的相对位移时程曲线。

三条地震动所对应的相对位移峰值分别为 1.44 mm、3.41 mm 和 2.18 mm。此外，表 4-2 也列出了自由场相对位移峰值时刻、结构顶底板位置处土层剪力，并将两者的平均值作为反应位移法中结构侧墙施加的土层剪力。对于上述三条地震动而言，在顶底板位置处自由场水平相对位移峰值时刻，Duzce 地震动作用下土层的相对变形及各位置处的土层剪力均较大。以自由场等效线性化分析过程中获得的各土层的等效剪切模量作为输入参数，并按图 4-6 所示的静力有限元方法计算不同地震动工况下地下结构顶底板及侧墙位置处的拉压和剪切方向上的基床系数，计算结果如表 4-3 所示。从表 3-2 中可以看出，Chi-Chi 地震动工况下所确定的各基床系数的值最大，Manjil 地震动工况次之，Duzce 地震动工况则最小，这也与图 4-14 及表 4-2 所列举的计算结果相一致。在顶底板位置处自由场水平相对位移峰值时刻，自由场的水平位移沿高度方向的分布情况如图 4-15 所示，三种地震工况下地表位置处的水平位移分别为 10.37 mm、21.03 mm 和 11.84 mm。相比之下，Duzce 地震动作用下自由场的相对变形最大，因此各土层的等效剪切模量最小，通过图 4-6 所确定的基床系数最小。

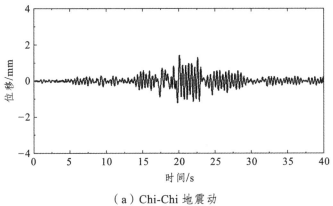

（a）Chi-Chi 地震动

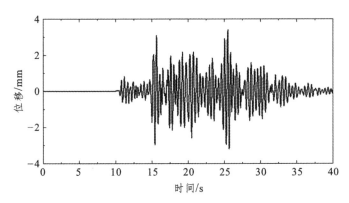

（b）Duzce 地震动

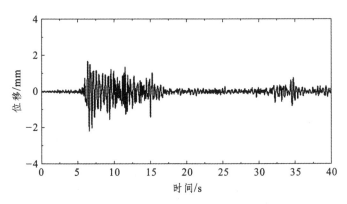

（c）Manjil 地震动

图 4-14　自由场相对位移时程曲线

表 4-2　反应位移法计算参数

地震动	时刻/s	相对位移/mm	顶板土层剪力/kPa	底板土层剪力/kPa	侧墙土层剪力/kPa
Chi-Chi	20.12	1.44	21.08	44.85	32.97
Duzce	25.52	3.41	41.96	86.95	64.46
Manjil	6.58	2.18	30.56	59.77	45.17

表 4-3　反应位移法基床系数（单位：N/m³）

地震动	顶板压缩	顶板剪切	侧墙压缩	侧墙剪切	底板压缩	底板剪切
Chi-Chi	7.153×10^6	1.201×10^7	4.589×10^7	3.371×10^7	5.270×10^7	3.359×10^7
Duzce	6.590×10^6	1.101×10^7	3.938×10^7	2.873×10^7	4.504×10^7	2.822×10^7
Manjil	6.889×10^6	1.154×10^7	4.299×10^7	3.170×10^7	5.045×10^7	3.154×10^7

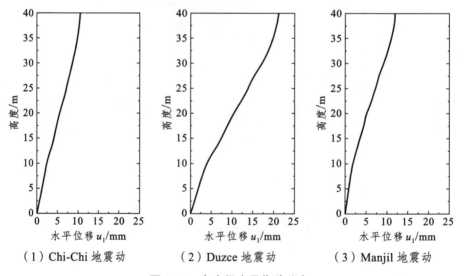

（1）Chi-Chi 地震动　　　（2）Duzce 地震动　　　（3）Manjil 地震动

图 4-15　自由场水平位移分布

　　根据前文所述，在进行地下结构横断面的反应加速度法分析时，需要提取自由场各高度位置的水平加速度值。图 4-16 列举了三条地震动工况下在顶底板位置处自由场水平相对位移峰值时刻，自由场的水平加速度沿高度方向的分布情况。其中，加速一表示直接提取的这一时刻自由场的绝对加速度值，加速度二则是提取这一时刻各个位置处土层剪力，并通过式（4-7）进行换算所得到的加速度值。由图 4-16 可以看出，两种加速度分布形式相差并不大。这表明三种地震工况下阻尼和速度对该时刻场地的加速度反应影响不大。

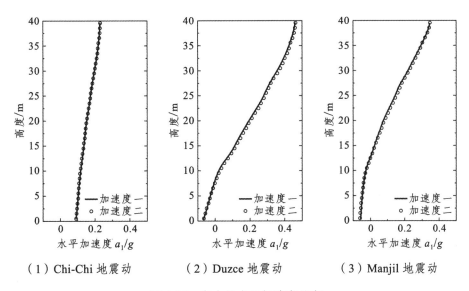

（1）Chi-Chi 地震动　　　（2）Duzce 地震动　　　（3）Manjil 地震动

图 4-16　自由场水平加速度分布

4.4.3　结果对比分析

通过总结地下结构抗震研究工作可知，在水平地震作用下，结构中柱与侧墙的水平相对变形相差不大；结构中柱底部由于构件截面较小，最先达到其极限承载力，是较危险的截面；另外，结构侧墙底部弯矩较大，也是抗震设计中需要关注的截面之一。因此，结构的变形指标选取结构中柱的顶底部相对水平位移；对比的内力指标则包含中柱和侧墙底部截面的轴力、剪力和弯矩。

表 4-4 列出了本章所对比的各简化分析方法序号及图例，其中自由场变形法一和柔度系数法一表示图 4-2 所示的施加集中力模型，自由场变形法二和柔度系数法二表示图 4-2 所示的施加倒三角荷载模型；反应加速度法一和反应加速度法二分别表示直接提取自由场的加速度分布情况和通过提取自由场的土层剪力换算得到的加速度分布情况；Pushover 方法一、Pushover 方法二和 Pushover 方法三分别表示 4.1.6 节中的三种不同的水平加速度分布形式，即分别提取自由场的加速度分布情况、通过提取自由场的土层剪力换算得到的加速度分布情况，以及直接采用倒三角形式的加速度分布情况。

表 4-4　简化分析方法汇总

序号	简化方法	图例	序号	简化方法	图例
方法 1	地震系数法	■	方法 4.3	整体式反应位移法二	▽
方法 2.1	自由场变形法一	●	方法 5.1	反应加速度法一	◆
方法 2.2	自由场变形法二	◖	方法 5.2	反应加速度法二	◇
方法 3.1	柔度系数法一	▲	方法 6.1	Pushover 方法一	★
方法 3.2	柔度系数法二	△	方法 6.2	Pushover 方法二	☆
方法 4.1	反应位移法	▼	方法 6.3	Pushover 方法三	☆
方法 4.2	整体式反应位移法	▽			

　　图 4-17～图 4-19 分别列出了三种地震工况下简化分析方法和动力时程分析方法在计算结构变形和内力指标方面的差异，各简化分析方法的图例如表 4-4 所示。图 4-17～图 4-19 中横坐标对应于不同工况下采用动力时程分析方法计算得到的结构地震反应值，纵坐标为采用表 4-4 中简化分析方法计算得到结构地震反应值。当采用简化分析方法计算得到的结果在图中对角虚线上方时，则表示简化分析方法的计算结果要大于对应的动力时程分析方法计算的结果；相反，当采用简化分析方法计算得到的结果在图中对角虚线下方时，则表示简化分析方法的计算结果要小于对应的动力时程分析方法计算的结果。各种简化方法计算得到的动力响应值距离对角虚线的距离则可表示其计算精度，动力响应指标越靠近对角虚线则表明计算精度越高。

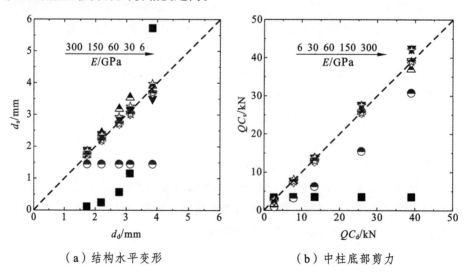

（a）结构水平变形　　　　　　　（b）中柱底部剪力

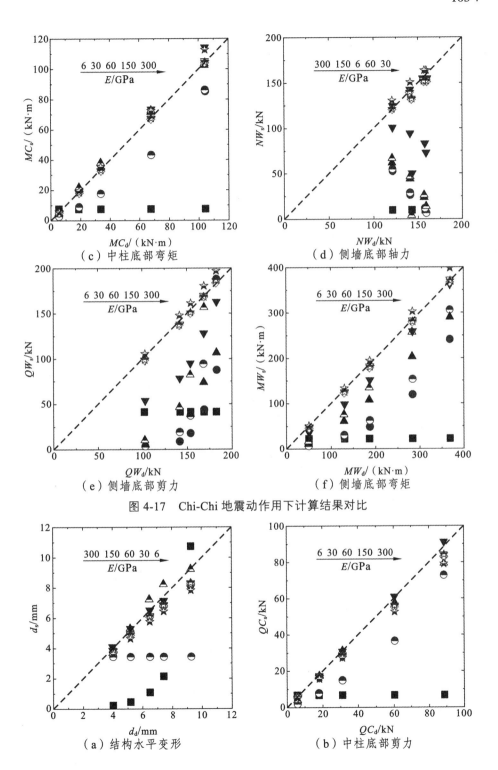

图 4-17　Chi-Chi 地震动作用下计算结果对比

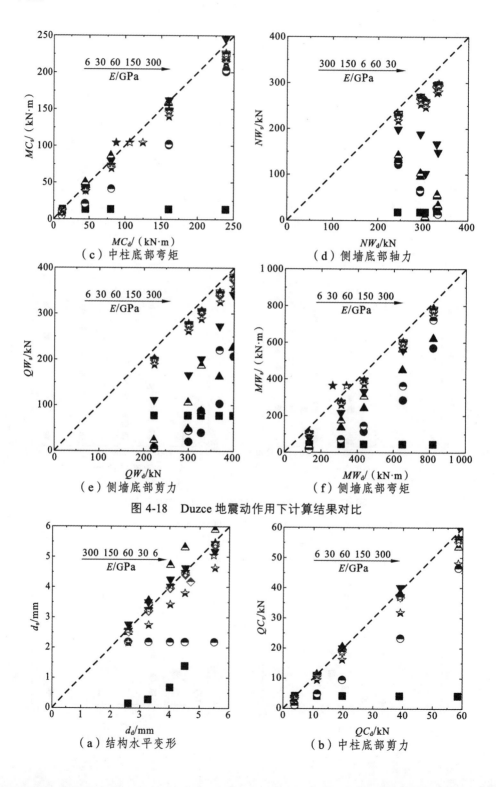

（c）中柱底部弯矩　　（d）侧墙底部轴力

（e）侧墙底部剪力　　（f）侧墙底部弯矩

图 4-18　Duzce 地震动作用下计算结果对比

（a）结构水平变形　　（b）中柱底部剪力

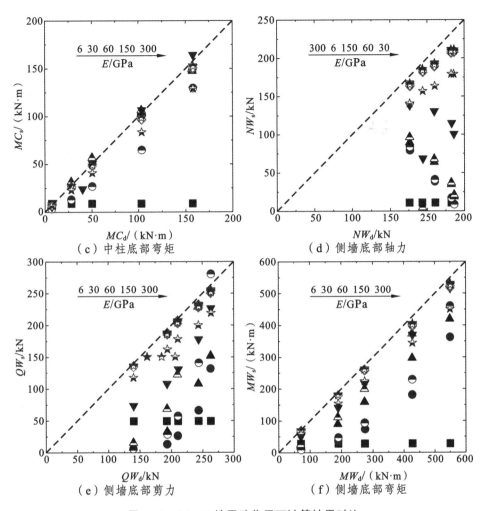

图 4-19　Manjil 地震动作用下计算结果对比

　　由图 4-17～图 4-19 可以看出，各地震动工况下地下结构的水平变形随着结构刚度的增大而单调减小，中柱和侧墙底部的剪力和弯矩均随着结构刚度的增大而单调增大，而侧墙底部的轴力随着结构刚度的变化没有呈现单调减小或增大的趋势。

　　地震系数法认为惯性力是地震荷载作用下地下结构所受的主要荷载，其计算结果与动力时程分析方计算结果存在较大差异，验证了地下结构在地震荷载作用下并非受惯性力为主的抗震设计思想。顶部集中力形式和侧墙倒三角荷载形式的自由场变形法由于未考虑土与结构之间的相互作用，结构变形和截面内力的计算误差也较大。考虑到地震系数法和自由场变形法已不常用于工程设计，并且受篇幅限制，本节只列举了柔度系数法、反应位移法、反应加速度法和

Pushover 方法在计算结构变形和内力方面的误差，对比结果如表 4-5～表 4-7 所示，其中所列举的误差值均为绝对值。

表 4-5　Chi-Chi 地震作用下计算结果相对误差（单位：%）

结构弹性模量/GPa	6	30	60	150	300	6	30	60	150	300
	结构水平变形					中柱底部剪力				
方法 3.1	1.88	13.75	14.56	9.53	0.12	36.77	1.60	2.93	1.09	4.24
方法 3.2	1.88	13.75	14.56	9.53	0.12	37.14	2.12	2.40	0.58	4.68
方法 4.1	9.04	0.62	4.11	8.17	9.12	10.21	0.83	3.45	7.69	9.20
方法 4.2	4.36	2.91	2.01	0.02	1.03	1.23	2.89	2.57	0.54	0.73
方法 4.3	4.36	2.91	2.01	0.02	1.03	1.23	2.76	2.49	0.39	0.88
方法 5.1	4.88	3.55	2.73	0.88	0.12	1.60	3.27	3.09	1.24	0.15
方法 5.2	4.62	3.23	2.37	0.88	0.46	1.23	2.89	2.72	0.89	0.24
方法 6.1	4.62	3.23	2.37	0.88	0.46	1.23	2.89	2.72	0.89	0.24
方法 6.2	4.62	3.23	2.37	0.88	0.46	1.23	2.89	2.72	0.86	0.29
方法 6.3	3.17	4.78	5.55	7.26	8.54	4.76	4.32	4.81	6.99	8.27
	中柱底部弯矩					侧墙底部轴力				
方法 3.1	11.71	11.77	11.77	5.68	1.72	98.04	92.02	85.54	69.34	48.76
方法 3.2	10.56	13.21	13.20	7.02	0.47	97.90	91.45	84.51	67.16	45.12
方法 4.1	17.80	2.96	2.83	8.07	9.54	65.63	54.80	47.55	33.43	17.14
方法 4.2	4.67	3.76	3.02	0.68	0.66	7.33	3.54	2.42	0.31	2.18
方法 4.3	4.67	3.66	2.91	0.52	0.82	7.83	4.55	3.54	1.02	0.58
方法 5.1	5.05	4.24	3.59	1.41	0.23	8.21	5.12	4.23	1.91	0.48
方法 5.2	4.67	3.87	3.23	1.04	0.14	7.87	4.77	3.87	1.54	0.11
方法 6.1	4.67	3.87	3.20	1.04	0.14	7.86	4.77	3.86	1.53	0.11
方法 6.2	4.67	3.81	3.17	0.99	0.19	7.82	4.73	3.83	1.49	0.07
方法 6.3	2.19	3.74	4.55	6.97	8.25	0.35	2.96	3.92	6.45	8.01
	侧墙底部剪力					侧墙底部弯矩				
方法 3.1	95.35	84.73	74.82	56.42	42.39	73.50	53.76	42.64	28.33	21.11
方法 3.2	90.14	67.57	46.53	7.48	22.32	66.55	41.61	27.56	9.49	0.37
方法 4.1	47.79	44.72	38.51	24.25	11.30	28.19	23.63	18.62	8.95	1.47
方法 4.2	4.71	2.98	1.98	0.13	1.03	5.76	3.70	2.80	0.59	0.70
方法 4.3	4.29	2.77	1.80	0.03	1.17	5.08	3.38	2.52	0.35	0.93
方法 5.1	4.65	3.37	2.55	0.97	0.03	5.50	4.00	3.25	1.28	0.17
方法 5.2	4.30	3.01	2.19	0.60	0.34	5.16	3.63	2.89	0.91	0.20
方法 6.1	4.29	3.01	2.19	0.59	0.34	5.16	3.63	2.89	0.90	0.21
方法 6.2	4.25	2.97	2.14	0.55	0.38	5.12	3.59	2.85	0.86	0.25
方法 6.3	2.71	3.93	4.73	6.37	7.38	2.14	3.80	4.66	6.89	8.15

表 4-6　Duzce 地震作用下计算结果相对误差（单位：%）

结构弹性模量/GPa	6	30	60	150	300	6	30	60	150	300
	结构水平变形					中柱底部剪力				
方法 3.1	0.65	10.68	11.35	2.73	7.81	32.50	1.64	0.45	5.03	9.86
方法 3.2	0.65	10.68	11.35	2.73	7.81	32.84	2.08	0.03	5.48	10.28
方法 4.1	14.11	3.85	0.29	1.96	2.38	14.13	4.64	1.13	0.72	2.97
方法 4.2	10.77	8.28	6.31	5.73	4.33	6.31	8.36	8.21	7.65	5.26
方法 4.3	10.77	8.01	6.16	5.73	4.08	6.31	8.14	7.95	7.37	4.97
方法 5.1	11.85	9.36	7.54	7.27	6.07	6.82	9.19	9.18	8.85	6.68
方法 5.2	10.88	8.28	6.62	6.31	4.82	5.80	8.14	8.15	7.83	5.63
方法 6.1	10.12	7.61	5.85	5.54	4.33	5.12	7.47	7.47	7.13	4.92
方法 6.2	10.88	8.42	6.62	6.31	5.07	5.80	8.19	8.18	7.86	5.66
方法 6.3	15.51	13.12	11.38	11.12	9.79	11.07	13.09	13.01	12.66	10.56
	中柱底部弯矩					侧墙底部轴力				
方法 3.1	10.99	9.28	7.40	1.68	8.12	97.83	91.17	84.30	67.46	45.58
方法 3.2	9.85	10.67	8.76	0.43	6.96	97.68	90.54	83.19	65.15	41.71
方法 4.1	22.57	6.72	1.79	0.83	3.04	66.71	55.81	49.34	35.76	18.14
方法 4.2	11.32	9.61	8.84	7.88	5.40	14.36	10.56	10.26	7.87	4.30
方法 4.3	11.24	9.36	8.58	7.60	5.11	14.47	11.04	10.80	8.54	5.17
方法 5.1	12.05	10.51	9.88	9.11	6.84	15.47	12.30	12.19	10.18	7.07
方法 5.2	10.99	9.50	8.86	8.09	5.79	14.53	11.32	11.21	9.18	6.04
方法 6.1	10.42	8.85	8.19	7.41	5.09	13.89	10.65	10.54	8.49	5.33
方法 6.2	11.07	9.54	8.89	8.12	5.83	14.56	11.35	11.24	9.21	6.07
方法 6.3	15.80	14.26	13.63	12.89	10.71	19.00	15.96	15.86	13.94	10.97
	侧墙底部剪力					侧墙底部弯矩				
方法 3.1	94.97	83.26	73.03	55.85	43.30	74.18	53.99	43.39	31.16	24.33
方法 3.2	89.32	64.46	42.73	6.26	20.38	67.39	41.89	28.50	13.06	4.44
方法 4.1	49.70	44.76	38.56	25.99	14.18	33.97	27.68	22.84	14.39	6.36
方法 4.2	11.17	8.06	7.14	6.46	4.92	12.59	9.42	8.74	7.69	5.28
方法 4.3	10.55	7.62	6.74	6.09	4.56	11.77	8.89	8.26	7.25	4.85
方法 5.1	11.65	9.00	8.28	7.88	6.58	12.81	10.17	9.66	8.86	6.67
方法 5.2	10.60	7.91	7.18	6.77	5.46	11.81	9.14	8.62	7.82	5.61
方法 6.1	9.99	7.30	6.56	6.15	4.83	11.17	8.48	7.96	7.15	4.92
方法 6.2	10.64	7.95	7.21	6.80	5.49	11.83	9.17	8.66	7.86	5.64
方法 6.3	15.36	12.85	12.16	11.79	10.55	16.48	13.95	13.45	12.68	10.57

表 4-7　Manjil 地震作用下计算结果相对误差（单位：%）

结构弹性 模量/GPa	6	30	60	150	300	6	30	60	150	300
	结构水平变形					中柱底部剪力				
方法 3.1	7.08	17.71	17.41	8.08	3.88	32.98	2.38	3.79	2.17	8.11
方法 3.2	7.08	17.71	17.41	8.08	3.88	33.25	1.93	3.28	2.60	8.55
方法 4.1	6.17	2.64	5.71	6.55	5.34	13.98	0.67	1.69	2.87	3.95
方法 4.2	1.81	1.13	0.50	1.38	1.58	5.54	3.45	4.59	5.02	3.95
方法 4.3	1.63	0.91	0.26	1.08	1.58	5.54	3.18	4.23	4.66	3.56
方法 5.1	2.54	2.02	1.50	2.61	3.12	5.80	4.07	5.31	5.92	5.01
方法 5.2	1.45	0.91	0.50	1.38	1.96	4.22	2.73	4.08	4.74	3.85
方法 6.1	0.54	0.03	0.49	0.77	1.19	3.96	2.01	3.31	3.94	3.03
方法 6.2	1.63	1.13	0.75	1.69	2.35	4.49	3.00	4.34	4.99	4.09
方法 6.3	15.97	15.54	14.93	16.04	16.57	16.09	16.36	17.78	18.54	17.82
	中柱底部弯矩					侧墙底部轴力				
方法 3.1	6.93	12.89	11.03	1.32	6.20	97.82	91.96	85.49	69.85	49.29
方法 3.2	5.73	14.32	12.44	2.62	5.01	97.66	91.39	84.46	67.71	45.68
方法 4.1	18.00	4.04	0.65	2.75	4.08	64.57	57.52	50.64	37.86	21.36
方法 4.2	5.47	5.58	5.41	5.47	4.11	5.44	11.01	10.00	8.47	5.48
方法 4.3	5.20	5.22	5.07	5.10	3.73	5.01	10.96	9.99	8.51	5.59
方法 5.1	5.87	6.23	6.19	6.41	5.22	5.98	12.07	11.23	9.98	7.30
方法 5.2	4.53	5.04	5.01	5.26	4.06	4.84	11.00	10.15	8.89	6.17
方法 6.1	3.87	4.25	4.22	4.45	3.23	4.01	10.23	9.37	8.09	5.35
方法 6.2	4.80	5.29	5.27	5.51	4.31	5.09	11.23	10.38	9.12	6.42
方法 6.3	17.73	18.77	18.83	19.09	18.07	18.85	24.06	23.33	22.27	19.98
	侧墙底部剪力					侧墙底部弯矩				
方法 3.1	94.85	83.25	72.58	55.65	42.06	72.20	52.83	41.97	30.37	23.68
方法 3.2	89.08	64.43	41.78	5.83	23.02	64.88	40.43	26.72	12.06	3.61
方法 4.1	47.34	44.33	37.71	26.65	13.83	28.53	25.28	20.39	13.41	5.96
方法 4.2	3.89	3.29	2.18	4.97	3.35	5.00	5.71	5.14	5.86	4.21
方法 4.3	3.06	2.67	1.59	4.44	2.84	3.86	4.93	4.43	5.23	3.61
方法 5.1	4.17	4.05	3.14	6.18	4.80	4.89	6.13	5.73	6.68	5.23
方法 5.2	2.83	2.68	1.74	4.82	3.42	3.64	4.92	4.52	5.50	4.04
方法 6.1	2.16	2.04	1.11	4.21	2.81	2.89	4.16	3.76	4.72	3.24
方法 6.2	3.08	2.93	2.00	5.07	3.67	3.89	5.16	4.77	5.74	4.29
方法 6.3	16.09	15.77	14.88	17.49	16.31	17.28	18.42	18.15	19.08	17.89

从相对误差分析可以看出，传统形式的反应位移法由于采用集中地基弹簧来模拟周围土层，不能较好地反映土体对地下结构的真实约束情况，当结构刚度较大时，反应位移法则高估了结构的水平变形；而当结构刚度较小时，反应位移法则低估了结构的水平变形，所计算的结构水平变形的最大误差约14%。尽管结构的水平变形与动力时程方法之间相差不大，但反应位移法所计算的结构内力与动力时程分析方法的计算结果之间却存在明显的差异，尤其是侧墙底部的轴力，其计算误差随着结构刚度的增大而减小，但最大误差达到了66%。这种结构角部内力误差较大的现象也是由传统反应位移法中的集中地基弹簧导致的。

整体式反应位移法一和整体式反应位移法二通过建立土-地下结构整体分析模型，避免了上述反应位移法中集中地基弹簧的问题，无论是在计算结构的水平变形还是截面内力方面均表现出较高的计算精度。三种地震工况下结构变形和截面内力的计算误差基本维持在10%以内，并且这两种方法的计算精度不随结构刚度的改变而改变。

两种加速度分布形式的反应加速度法和Pushover分析方法的计算精度同整体式反应位移法较为接近，最大约为10%。这表明，合理确定土体地震荷载及土体的约束条件是地下结构抗震简化分析方法的基础。相比之下，直接采用倒三角形式的Pushover分析方法的计算精度有所欠缺，比整体式反应位移法和反应加速度法的计算精度都略低。

5

反应位移法和
反应加速度法的改进

5.1 引 言

反应位移法和反应加速度法是我国目前地下结构横断面抗震分析与设计的两种主流方法，也是首部地下结构抗震规范《城市轨道交通结构抗震设计规范》（GB 50909—2014）推荐采用的方法。反应位移法主要适用于横断面为标准圆形或者矩形的地下结构，对于复杂断面地下结构，反应位移法在确定地基弹簧刚度系数及地震荷载方面存在一定的困难。反应加速度法建立土-结构整体分析模型，可以较好地解决复杂场地条件、复杂断面形式的地下结构抗震分析问题。但当场地覆盖层较厚，或者地下结构埋深较大时，反应加速度法则需要建立深度方向较大的计算模型，需要付出较大的计算代价。因此，针对复杂断面、超大埋深地下结构，发展相应的抗震简化分析方法是十分有必要的。

一方面，本章在地下结构抗震分析与设计中常用的反应位移法的基础上，对结构的计算范围进行扩展，将任意断面的地下结构扩展成矩形的广义子结构，提出广义反应位移法。另一方面，在传统反应加速度法的基础上，选取结构及其周边范围部分土体进行分析，提出局部反应加速度法。结合马蹄形断面和圆形断面地下结构工程实例，采用有限元软件 ABAQUS 开展地铁区间隧道结构数值计算，以动力时程分析方法为基准，对比分析广义反应位移法和局部反应加速度法计算结果，验证新方法在地下结构抗震设计方面的可行性和有效性。

随着地下空间技术的不断发展，城市地下结构逐渐呈现埋深更大化、断面复杂化、空间立体化等。以轨道交通结构为例，地铁车站结构和区间隧道结构等除了常见的矩形和圆形等

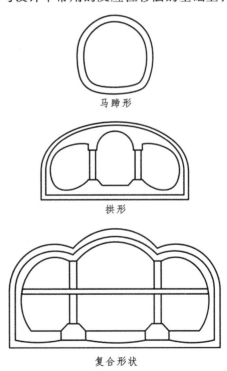

马蹄形

拱形

复合形状

图 5-1 复杂断面地下结构

规则断面外，还有拱形和马蹄形断面等各式各样的复合断面等，如图 5-1 所示。一般而言，我国现行《城市轨道交通结构抗震设计规范》（GB 50909—2014）规

定的反应位移法仅适用于矩形或圆形等规则断面的地下结构的抗震设计。对于断面形式稍微复杂的地下结构，直接采用传统反应位移法并不能有效地进行地震反应分析。究其原因主要有两点：首先，和规则截面的地下结构相比，复杂断面地下结构周围的地基弹簧系数的求解十分困难，即使采用静力有限元的方法也不能准确获得各个部位、各个方向的地基弹簧系数。其次，对于矩形断面地下结构，结构周围的土层应力是土层的纯剪力场；对于圆形断面地下结构，结构周围的土层应力不仅包含土层的剪应力，同时也包含土层的正应力。规则断面地下结构周围的土层应力计算相对简单，但对于复杂断面地下结构，结构周围的土层应力是土体的复杂应力场，采用常规方法分析时需要对土-结构交界面上各个位置处的剪切荷载进行多次的分解与合成，计算过程较为烦琐，并且计算精度无法保证。

另一方面，城市轨道交通结构也开始往更深的地下空间发展。我国目前最大埋深的地铁车站属重庆轨道交通 10 号线的红土地站，其埋深达 95 m。另外，仅次于红土地站的是重庆轨道交通 10 号线的鲤鱼池站，其埋深达 76 m。而轨道交通 10 号线鲤鱼池-红土地区间隧道埋深达 84 m，约为 30 层楼高。该车站和区间隧道的埋深均创全国地铁深度纪录。在《城市轨道交通结构抗震设计规范》（GB 50909—2014）指出，采用反应加速度法进行隧道与地下车站结构横向地震反应分析时，计算模型底面可取设计地震作用基准面，并将其作为固定边界；顶面取地表面，并将其作为自由面；侧面边界到结构的距离取结构水平有效宽度的 2~3 倍，并将其作为水平滑移边界。当地下结构埋深较大或者基岩面较深时，采用反应加速度法进行地下结构横断面抗震设计将需要花费较大的计算代价。例如文献[213]中盾构隧道埋深为 40 m（约为隧道直径的 6 倍），地表至计算基岩面的深度为 100 m（约为隧道直径的 15 倍）。然而，在地下结构的抗震分析过程中，工程师们多关注结构自身的动力反应。也就是说，采用传统的反应加速度法分析深埋地下结构的地震反应时需要付出较大的计算代价。

5.2 广义反应位移法

5.2.1 理论分析

反应位移法具有严格的理论基础，借鉴反应位移法推导过程中所采用的土-结构动力分析中的子结构法，对广义反应位移法进行相应的理论分析，取土-结构相互作用模型如图 5-2 所示，将土-结构体系分解为广义结构子系统和广义土层子系统两个子结构，图中，S、F 和 I 分别代表广义结构、广义土层和两者交界面节点。

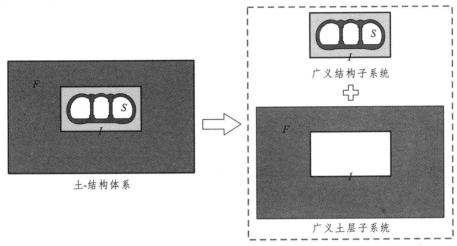

图 5-2　子结构法示意

同反应位移法的基本假设一致，此处若忽略阻尼的影响，广义结构子系统作为一个子结构的动力方程可表示为

$$\begin{bmatrix} M_{SS} & 0 \\ 0 & M_{II} \end{bmatrix}\begin{Bmatrix} \ddot{u}_S \\ \ddot{u}_I \end{Bmatrix} + \begin{bmatrix} K_{SS} & K_{SI} \\ K_{IS} & K_{II} + K_{IF} \end{bmatrix}\begin{Bmatrix} u_S \\ u_I \end{Bmatrix} = \begin{Bmatrix} 0 \\ K_{IF} \cdot u_{IF} \end{Bmatrix} + \begin{Bmatrix} 0 \\ q_{IF} \end{Bmatrix} \quad （5\text{-}1）$$

式中：M 和 K 分别为质量矩阵和刚度矩阵；K_{IF} 为考虑广义土层-广义结构相互作用而引入的土层刚度矩阵；u 为位移向量；u_{IF} 为自由场的位移向量；q_{IF} 为作用在广义土层-广义结构交界面上的力。

式（5-1）也可具体表示为

$$K_{SS}u_S + K_{SI}u_I = -M_{SS}\ddot{u}_S \quad （5\text{-}2）$$

$$K_{IS}u_S + K_{II}u_I = \left[K_{IF}\left(u_{IF} - u_I \right) + q_{IF} \right] - M_{II}\ddot{u}_I \quad （5\text{-}3）$$

式（5-2）和式（5-3）中，等号左边均为广义结构反应；式（5-3）中等号右边第一项为广义土层-广义结构交界面上的荷载，其由两部分组成：土层相对位移等效荷载和自由场在交界面上产生的力；式（5-2）中等号右边和式（5-3）中等号右边第二项均为广义结构惯性力。

5.2.2　力学模型

通过理论分析可知，广义反应位移法与传统反应位移法类似，在不考虑阻尼影响时，两者都具有严密的理论基础。采用广义反应位移法求解地下结构地震反应时，需要在广义结构子系统周围布置地基弹簧，而且需要同时施加三部分地震荷载，广义反应位移法计算模型如图 5-3 所示[214]。广义结构周围布置的地基弹簧刚度系数亦可采用如图 4-6 所示的静力有限元方法。此外，在土层和结构交界面处采用绑定约束，即交界面处土层和结构的变形相同，这与传统反应位移法的基本假设一致。

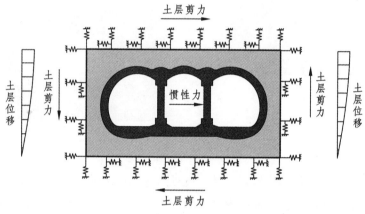

图 5-3　广义反应位移法计算模型

　　值得一提的是，广义反应位移法和传统反应位移法具有相同的弊端和不足，例如地基弹簧刚度系数的确定所引起的计算误差是不可避免的。但是，广义反应位移法是针对复杂断面地下结构抗震问题提供了一种具体解决思路，通过拓展部分土体形成规则的矩形断面的广义结构，这种思路可以进一步应用于第 4 章所提到的两种不同形式的整体式反应位移法计算模型之上，因此，本节简要给出两种广义整体式反应位移法的计算模型，分别如图 5-4 和图 5-5 所示。通过建立土-结构整体计算模型可以有效规避集中地基弹簧所引起的计算误差，另外两种计算模型中的等效地震荷载都可以通过和整体式反应位移法相同的方法进行求解，本节不再赘述。

5.2.3　实施步骤

　　广义反应位移法的实施步骤与传统反应位移法类似，但也有所差异，其具体实施步骤如下：

　　（1）选择合适的广义结构区域。根据地下结构横断面的实际尺寸和复杂程度选择合理范围内的周围土层作为广义结构区域的一部分。

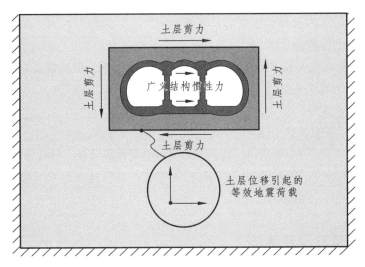

图 5-4　广义整体式反应位移法一计算模型

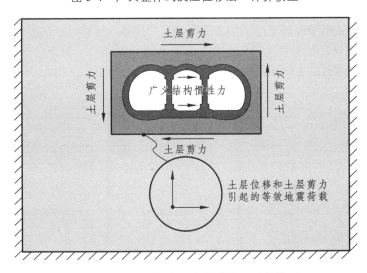

图 5-5　广义整体式反应位移法二计算模型

（2）求解自由场水平地震反应。采用等效线性化程序 SHAKE91 或 EERA 等方法对自由场模型进行水平地震作用下的一维土层地震反应分析，求解广义结构位置处对应土层的相对变形和加速度及顶底部位置处的土层剪力。

（3）求解广义结构周围地基弹簧刚度系数。采用步骤（2）中一维土层地震反应分析所得的土体有效弹性模量作为输入参数，建立如图 4-6 所示的有限元模型，求解广义结构周围地基弹簧的刚度系数。

（4）求解广义结构周围的土层剪力。采用步骤（2）中一维土层地震反应分析所得的对应于广义结构顶底部位置处的剪应力，同时取二者平均值作为广义结构侧面的土层剪力。

（5）求解广义结构惯性力。采用步骤（2）中一维土层地震反应分析所得的对应于广义结构位置处的加速度，与对应高度处的土层或结构质量相乘作为惯性力施加于广义结构。

（6）建立广义反应位移法力学分析模型。按图 5-3 所示的广义反应位移法模型施加步骤（2）~（5）确定的结构周围地基弹簧及地震荷载，进行静力计算。

另外，关于广义整体式反应位移法的实施步骤同样可以参考整体式反应位移法，这里也不再赘述。

5.3 局部反应加速度法

5.3.1 理论分析

进一步分析反应加速度法的力学模型，如图 5-6 所示，在水平地震作用下，土-结构体系所受的惯性力可以看作三部分惯性力的组合，即上部土体惯性力、下部土体惯性力及含结构土体惯性力。

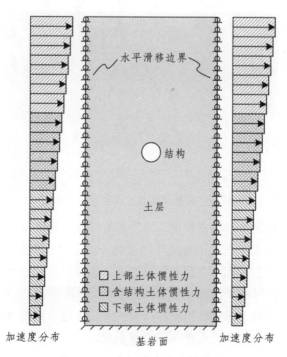

图 5-6　反应加速度法计算模型

本节试图对传统反应加速度法进行适当的改进，如图 5-7 所示，在结构往上和往下一定位置处分别取两个隔离面，上下两个隔离面则将土-结构体系分成三个隔离体，地表面至上隔离面的区域定义为上部土体、上隔离面至下隔离面的区域定义为含结构土体，下隔离面至计算基岩面的区域定义为下部土体。对三部分隔离体分别进行受力分析：上部土体除受相应位置土层的惯性力以外，还受上隔离面位置的土层剪力；含结构土体除受相应位置土层的惯性力以外，还受上下两个隔离面位置的土层剪力；下部土体除受相应位置土层的惯性力以外，还受下隔离面位置的土层剪力。上隔离面对上部土体作用的土层剪力和其对含结构土体作用的土层剪力是作用力与反作用力的关系，两者大小相等、方向相反，下隔离面处的土层剪力亦是如此。

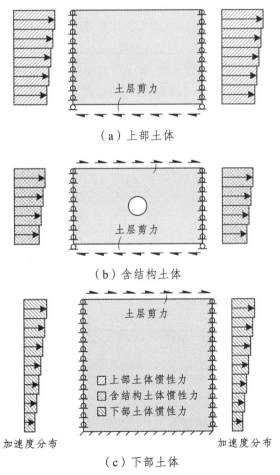

（a）上部土体

（b）含结构土体

（c）下部土体

图 5-7　反应加速度法受力分析

5.3.2　力学模型

为解决复杂断面地下结构地震反应分析的问题，上一节提出了广义反应位移法。广义反应位移法是取结构周边一定范围内土体作为广义子结构，并按传统反应位移法的地震荷载进行受力分析。由于选取的土体范围有限，广义反应位移法也需要和传统反应位移法一样在广义子结构的周边设置地基弹簧。进一步地，如果广义反应位移法的土体范围选的足够宽，则可以较为真实地反映地下结构所受到的土体约束情况，此时即使不设置地基弹簧也可以获得较为真实的地震反应。

综合图 5-7 所示的含结构土体的受力分析和图 5-3 所示的广义反应位移法计算模型，本节提出局部反应加速度法的计算模型，如图 5-8 所示。和传统反应加速度法该模型一致，局部反应加速度法计算模型的左右两侧面边界到结构的距离取结构水平有效宽度的 2～3 倍（$B=2\sim3D$），并将其作为水平滑移边界。结构上下也各取一定高度范围内的土体（下文将进一步讨论计算模型高度的影响），将模型设置为底面固定，顶面自由。局部反应加速度法的地震荷载包括模型顶面的土层剪力，结构和土体的惯性力。

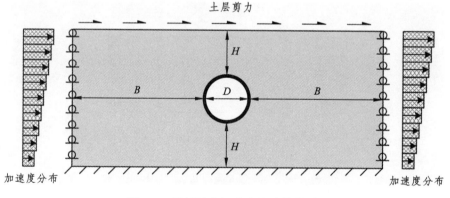

图 5-8　局部反应加速度法计算模型

5.3.3　实施步骤

和传统反应加速度法、广义反应位移法的实施步骤相比，局部反应加速度法有所差异，其具体实施步骤如下：

（1）选取适当的土体计算范围。根据地下结构横断面的实际尺寸选择结构周边区域合理范围的土体作为局部反应加速度法的土-结构体系。

（2）求解自由场水平地震反应。采用等效线性化程序 SHAKE91 或 EERA 等方法对自由场模型进行水平地震作用下的一维土层地震反应分析，求解局部土体对应高度位置的加速度，以及局部土体顶面位置处的土层剪力。

（3）建立局部反应加速度法力学分析模型。按图 5-8 所示的局部反应加速度法模型施加步骤（2）所确定的地震荷载，进行静力计算。

从上述局部反应加速度法的力学模型和实施步骤可以看出，该力学模型比广义反应位移法和传统的反应加速度法更为简单，所需确定的等效地震荷载也远远小于广义反应位移法和传统的反应加速度法，在计算效率方面，局部反应加速度法存在明显的优势。

5.4　广义反应位移法实例验证

5.4.1　计算模型与参数

为验证广义反应位移法在计算复杂断面地下结构地震反应的有效性，本节选取某地铁区间隧道结构进行数值分析。根据《建筑抗震设计标准》（GB/T 50011—2010）和《中国地震动参数区划图》（GB 18306—2015）拟建场地位于抗震设防烈度 8 度区内，设计基本地震加速度值为 0.20g，场地类别为Ⅱ类，设计特征周期为 0.35 s。

该区间隧道的标准断面形式为马蹄形，断面衬砌横向外径为 5.38 m，横向内径为 4.78 m；纵向外径为 5.45 m，纵向内径为 4.85 m，隧道结构厚度为 300 mm，其标准横断面尺寸如图 5-9 所示。混凝土型号为 C30，结构弹性模量取为 30 GPa。隧道顶部埋深约为 4 m，该场地的土层情况及其物理参数如表 5-1 所示。

当采用广义反应位移法进行计算时，设计了两种不同宽度和高度范围的广义子结构区域，分别选取结构周边范围 10 m×9 m（宽×高）和 8 m×8 m（宽×高）的两种广义子结构，如图 5-10 所示。有限元建模过程中隧道结构采用梁单元建模，土体采用平面应变单元建模，并且假设结构与土体之间不发生滑移。土体的动力参数采用典型的砂土和黏土的剪切模量比、阻尼比与剪应变的试验曲线，如图 2-15 所示。为了保证各个方法之间参数的统一性，当进行整体动力时程分析时，地震动输入采用振动输入的方式，土体的剪切模量和阻尼比均采用等效线性化之后的有效值；当进行广义反应位移法计算时（包括地基弹簧刚度确定和结构地震反应计算），土体的剪切模量也采用和动力时程分析中一致的参数。

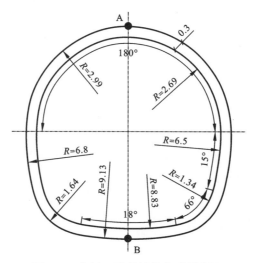

图 5-9　实例一隧道结构标准横断面

表 5-1　实例一土层参数

分层	厚度/m	密度/（kg/m³）	剪切波速/（m/s）	泊松比	材料曲线
1	8	1 900	280	0.3	砂土
2	12	1 900	300	0.3	黏土
3	12	2 000	400	0.3	砂土
4	12	2 000	450	0.3	砂土
5	基岩	2 200	1 200	—	—

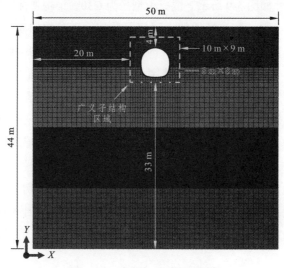

图 5-10　实例一有限元模型

考虑到地震动特性是影响地下结构地震反应的关键因素，本节开展的数值实验中基岩输入地震动选用 EL Centro 和 Loma Prieta 两条地震动，其地震动加速度时程曲线如图 2-11 所示，并将加速度峰值调整至 0.1g、0.2g 和 0.3g。动力时程分析共计 6 种计算工况，广义反应位移法共计 12 种计算工况。

5.4.2　地基弹簧刚度系数对比

本节首先对比不同广义子结构范围所计算的基床系数，根据广义子结构范围选取的不同，图 5-11 分别对应广义反应位移法的广义子结构取为较大的范围，即 10 m×9 m，后续简称为 GRDM-L，和广义反应位移法的广义子结构取为较小的范围，即 8 m×8 m，后续简称为 GRDM-S。

表 5-2 列出了不同地震动作用下不同广义子结构范围所计算的基床系数，从图中可以看出，当广义子结构区域选取得越大，按第 4 章所提到的静力有限元方法所确定的弹簧刚度表现出减小的趋势。差别最为明显的地方在于顶板压缩的基床系数，这是由于 GRDM-L 模型的上部土体较薄，仅有 2 m，是 GRDM-S 模型的 1/2，因此在对顶板位置向上施加单位荷载时，GRDM-L 模型顶板处节点会有较大的竖向位移。

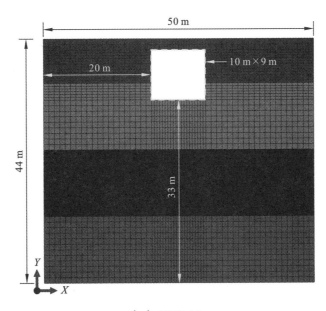

（a）GRDM-L

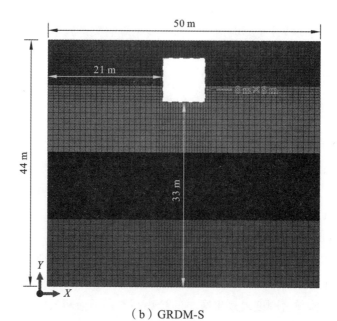

（b）GRDM-S

图 5-11　地基弹簧刚度系数求解模型

表 5-2　基床系数对比（单位：$10^6 \, \text{N/m}^3$）

幅值	计算模型	顶板剪切	顶板压缩	侧墙剪切	侧墙压缩	底板剪切	底板压缩
EL Centro 地震动							
0.1g	GRDM-L	1.368	0.393	1.924	3.697	3.441	4.175
	GRDM-S	1.984	1.129	2.306	4.100	4.018	4.762
0.2g	GRDM-L	1.271	0.365	1.625	3.209	2.953	3.338
	GRDM-S	1.795	1.000	1.946	3.536	3.462	3.837
0.3g	GRDM-L	1.183	0.338	1.434	2.835	2.679	2.923
	GRDM-S	1.631	0.896	1.717	3.109	3.145	3.370
Loma Prieta 地震动							
0.1g	GRDM-L	1.380	0.397	1.974	3.762	3.511	4.357
	GRDM-S	2.007	1.147	2.367	4.175	4.096	4.956
0.2g	GRDM-L	1.326	0.381	1.765	3.458	3.179	3.687
	GRDM-S	1.903	1.068	2.114	3.822	3.722	4.227
0.3g	GRDM-L	1.226	0.351	1.534	3.041	2.832	3.108
	GRDM-S	1.711	0.948	1.835	3.347	3.324	3.582

5.4.3 结构反应对比

由于篇幅限制，在讨论结构内力时，本节仅选取了某一具体工况。如图 5-12 所示，选取 Loma Prieta 地震动峰值加速度为 0.2g 时的计算工况，对比动力时程分析方法和两种广义反应位移法计算得到的隧道结构的轴力、剪力和弯矩图。需要说明的是，对于不同地震动峰值，动力时程分析计算结果提取结构变形和内力指标的时刻与广义反应位移法中一维土层地震反应分析提取土层剪力和土层相对变形的时刻一致。

从图 5-12 可以看出，两种不同计算范围的广义反应位移法和动力时程分析方法计算所得到的结构内力分布规律相同，内力峰值数值相当，且峰值内力所在截面也基本相同。因此，本节后续选取的对比指标包括结构的变形和截面内力，其中结构变形选择图 5-9 所示的 A、B 两点的最大水平相对位移。考虑到不同分析方法之间截面内力分布规律相同，因此内力值均为最大值。不同计算工况下，广义反应位移法和动力时程分析方法的结构变形和截面内力峰值对比结果如表 5-3 所示。

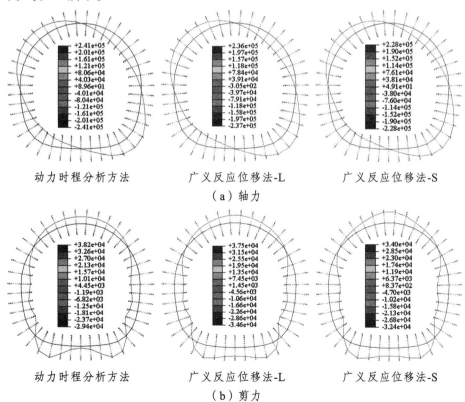

动力时程分析方法　　　　广义反应位移法-L　　　　广义反应位移法-S

（a）轴力

动力时程分析方法　　　　广义反应位移法-L　　　　广义反应位移法-S

（b）剪力

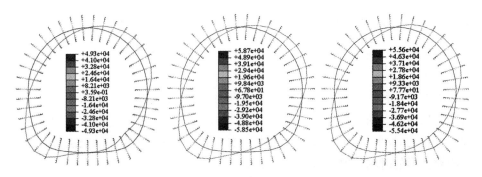

动力时程分析方法　　　　广义反应位移法-L　　　　广义反应位移法-S

（c）弯矩

图 5-12　内力图对比

表 5-3　计算结果对比

幅值	对比指标	动力时程分析方法	GRDM-L	GRDM-S
	EL Centro 地震动			
0.1g	最大位移/mm	2.44	2.64（8.2%）	2.69（10.3%）
	最大轴力/kN	170.71	165.99（2.8%）	160.53（6.0%）
	最大剪力/kN	26.34	25.68（2.5%）	23.28（11.6%）
	最大弯矩/（kN·m）	33.37	39.45（18.2%）	37.31（11.8%）
0.2g	最大位移/mm	5.38	5.73（6.5%）	5.80（7.8%）
	最大轴力/kN	314.27	304.82（3.0%）	295.37（6.0%）
	最大剪力/kN	51.20	49.93（2.5%）	45.55（11.0%）
	最大弯矩/（kN·m）	67.23	79.71（18.6%）	75.69（12.6%）
0.3g	最大位移/mm	8.49	8.92（5.1%）	8.99（5.9%）
	最大轴力/kN	415.14	402.71（3.0%）	391.35（5.7%）
	最大剪力/kN	71.25	69.78（2.1%）	64.16（10.0%）
	最大弯矩/（kN·m）	96.72	114.86（18.8%）	109.58（13.3%）
	Loma Prieta 地震动			
0.1g	最大位移/mm	2.07	2.29（10.6%）	2.33（12.6%）
	最大轴力/kN	146.70	146.09（0.4%）	141.20（3.8%）
	最大剪力/kN	22.53	22.46（0.3%）	20.34（9.7%）
	最大弯矩/（kN·m）	28.44	34.32（20.7%）	32.43（14.0%）

幅值	对比指标	动力时程分析方法	GRDM-L	GRDM-S
		Loma Prieta 地震动		
0.2g	最大位移/mm	3.78	4.05（7.1%）	4.11（8.7%）
	最大轴力/kN	241.49	236.96（1.9%）	228.27（5.5%）
	最大剪力/kN	38.25	37.48（2.0%）	34.04（11.0%）
	最大弯矩/（kN·m）	49.34	58.69（18.9%）	55.57（12.6%）
0.3g	最大位移/mm	6.69	7.15（6.9%）	7.27（8.7%）
	最大轴力/kN	359.89	360.46（0.2%）	350.03（2.7%）
	最大剪力/kN	60.07	60.26（0.3%）	55.23（8.1%）
	最大弯矩/（kN·m）	80.01	97.38（21.7%）	92.86（16.1%）

从表 5-3 可以看出，同种计算工况下，广义反应位移法的计算结果与动力计算结果在截面最大弯矩的计算结果存在一定的差异。不同地震动加速度峰值计算工况下，广义反应位移法和动力时程分析方法在隧道结构顶底部两点最大水平相对位移、截面最大轴力和截面最大剪力三个对比指标上的相对误差较小。通过对比广义反应位移法-L 和广义反应位移法-S 的计算结果可以发现，当所选取的广义子结构区域缩小时，结构的最大弯矩的误差呈现减小的趋势，但误差仍大于 10%。与之相反，结构的最大变形、轴力和剪力的计算误差均随所选取计算范围的减小而增大。

从以上分析可以看出，本章提出的复杂断面的广义反应位移法与动力时程法在结构变形和各个控制截面的内力上的计算结果相当，均满足工程需求。这表明该广义反应位移法能够较好地预测地下结构在地震作用下的变形及内力响应，是一种行之有效的简化分析方法。

5.5 局部反应加速度法实例验证

5.5.1 计算模型与参数

为验证局部反应加速度法在计算复杂断面地下结构地震反应的有效性，本节选取某地铁区间隧道结构进行数值分析。该区间隧道的标准断面形式为圆形，断面衬砌外径为 6.2 m，内径为 5.8 m，隧道结构厚度为 0.4 m。为便于计算，衬砌环假定为修正后的等刚度环，结构混凝土弹性模量取为 30 GPa，泊松比取为 0.2，密度为 2 500 kg/m³。隧道顶部埋深为 38.8 m，该场地的土层情况及其物理参数如表 5-4 所示。

表 5-4　算例二土层参数

分层	厚度/m	密度/（kg/m³）	剪切波速/（m/s）	泊松比	材料曲线
1	12	2 000	100	0.3	材料一
2	12	2 000	150	0.3	材料一
3	12	2 000	200	0.3	材料二
4	12	2 000	250	0.3	材料二
5	12	2 000	300	0.3	材料三
6	12	2 000	350	0.3	材料四
7	12	2 000	400	0.3	材料五
8	12	2 000	450	0.3	材料六
9	基岩	2 200	1 200	—	—

隧道结构采用梁单元建模，尺寸取为内外径的中心线，即直径为 6 m。土体采用平面应变单元建模，根据隧道结构的直径确定土体模型的宽度，左右两侧距离结构边缘各取 3 倍结构直径，即土体模型的总宽度取为 42 m；土体模型的深度方向取值基岩面，即土体模型的总高度取为 96 m。土体的动力参数采用典型的砂土和黏土的剪切模量比、阻尼比与剪应变幅的试验曲线，如图 5-13 所示。为了保证各个方法之间参数的统一性，当进行整体动力时程分析时，地震动输入采用振动输入的方式，土体的剪切模量和阻尼比均采用等效线性化之后的有效值；当进行局部反应加速度法计算时，相应土体的剪切模量也采用和动力时程分析中一致的计算参数。此外，在土和结构交界面处，结构节点和土体节点完全黏结，即假定结构与土体两者之间不发生相对滑移。限于模型高度，图 5-14 仅截取了部分有限元模型，除隧道结构周边范围（12 m×12 m），土体单元的网格尺寸均为 1 m×1 m，满足动力分析要求。如图 5-15 所示，隧道结构共划分为 48 个单元，后续讨论的直径变形率指的是图中两个 45°方向上的节点相对变形，即节点 7 和节点 31 的相对变形，以及节点 19 和节点 43 的相对变形。

考虑到地震动特性是影响地下结构地震反应的关键因素，本节开展的数值实验中基岩输入地震动同样选用 EL Centro 和 Loma Prieta 两条地震动，其地震动加速度时程曲线如图 2-11 所示。按照《城市轨道交通结构抗震设计规范》（GB 50909—2014），通过调整输入地震动加速度幅值使地表处加速度峰值为 0.2g。

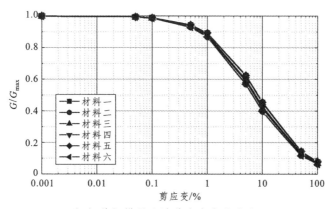

（a）剪切模量比随剪应变变化曲线

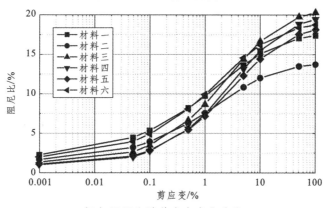

（b）阻尼比随剪应变变化曲线

图 5-13　土体本构曲线

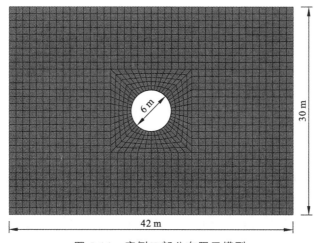

图 5-14　实例二部分有限元模型

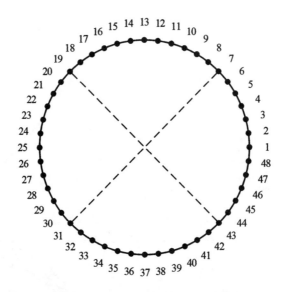

图 5-15 实例二隧道结构梁单元节点

5.5.2 不同部位土体惯性力作用对比

如前文所述，传统反应加速度法的地震荷载按结构所在的位置可以分为上部土体惯性力、下部土体惯性力及含结构土体惯性力的组合。为了分别确定各部分惯性力对结构动力响应贡献率的大小，本节在传统反应加速度法计算模型的基础上，分别单独施加这三部分惯性力，并计算各个荷载工况下结构的反应，包括截面内力及直径变形率等。

除了讨论不同地震动作用以外，本节改变的模型参数还包括图 5-6 所示的含结构土体的模型高度。以结构直径为基准，设计了 6 种含结构土体的模型高度，分别为隧道结构直径的 2～7 倍，含结构土体的模型高度分别为 12 m、18 m、24 m、30 m、36 m 和 42 m。EL Centro 地震动和 Loma Prieta 地震动作用下三部分土体惯性力对结构反应贡献率的对比情况如图 5-16 和图 5-17 所示。从图 5-16 和图 5-17 中看出，相比于上部土体和含结构土体的惯性力作用，下部土体的惯性力对结构内力和变形反应的贡献非常之小，基本上可以忽略。当含结构土体的高度为 2D（D 为隧道直径）时，上部土体的高度最大，其惯性力作用效果也最为明显，对结构内力和变形的贡献率基本在 90% 左右，随着上部土体高度的不断减小，贡献率也在不断减小，但从总体分析来看，上部土体的惯性力作用是结构反应的主要影响因素。因此，在局部反应加速度法的计算模型中应该重点考虑上部土体的惯性力作用，也就是图 5-8 所示计算模型中的土层剪力。

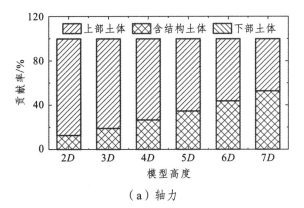

（a）轴力

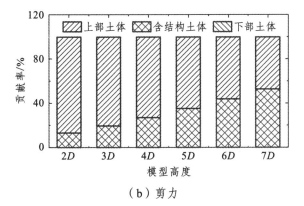

（b）剪力

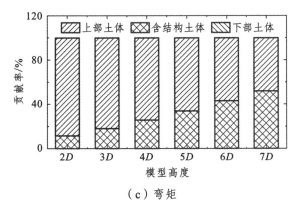

（c）弯矩

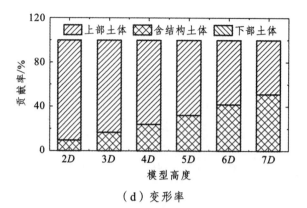

（d）变形率

图 5-16　EL Centro 地震动作用下三部分土体惯性力对结构反应贡献率对比

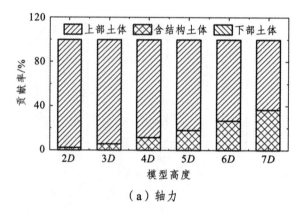

（a）轴力

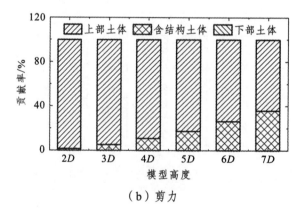

（b）剪力

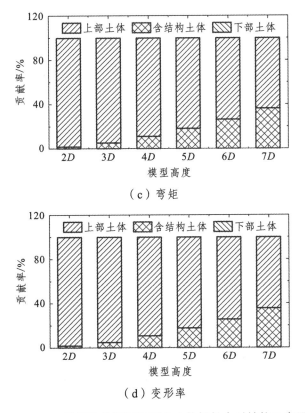

（c）弯矩

（d）变形率

图 5-17　Loma Prieta 地震动作用下三部分土体惯性力对结构反应贡献率对比

5.5.3　不同模型高度局部反应加速度法对比

本节主要讨论不同模型高度情况下局部反应加速度法的计算精度问题，模型高度的选取同 5.5.2 节一致，即分别考虑模型高度为隧道结构直径的 2～7 倍的计算工况，对比的基准是严格的动力时程分析方法。图 5-18 为结构内力峰值的误差变化情况，对于该圆形隧道结构，动力时程分析方法和简化分析方法所计算的内力峰值出现的部位一致，轴力和弯矩的最大值位于隧道横断面 45° 方向，而剪力的最大值则位于隧道顶部和底部。由图 5-18 可以发现，在局部反应加速度法计算模型高度为 2D 时，剪力峰值较动力时程分析的计算结果要大 8% 左右，随着模型高度的增加，各内力峰值的相对误差基本呈现减小的趋势，模型高度大于 3D 时，所有内力峰值的误差基本维持在 2% 以内，表明局部反应加速度法具有良好的计算精度。

从内力峰值的角度对比局部反应加速度法和动力时程分析方法的计算误差仅能说明在结构某个别节点的计算精度，为了反映所有节点处内力是否计算准确，本节采用二阶欧几里得范数分析隧道结构所有内力的误差值，简称内力二范数误差，其计算方法如下：

$$R = \frac{\|F_{\mathrm{L}} - F_{\mathrm{D}}\|_2}{\|F_{\mathrm{D}}\|_2} = \frac{\sqrt{\sum_{i=1}^{n} |F_{\mathrm{L}i} - F_{\mathrm{D}i}|^2}}{\sqrt{\sum_{i=1}^{n} |F_{\mathrm{D}i}|^2}} \times 100\% \tag{5-4}$$

式中：F_{L} 为局部反应加速度法所计算的内力值；F_{D} 为动力时程分析方法所计算的内力值；i 为节点号；n 为总节点数，48；$F_{\mathrm{L}i}$ 和 $F_{\mathrm{D}i}$ 分别为局部反应加速度法和动力时程分析方法所计算的第 i 个节点的内力值。

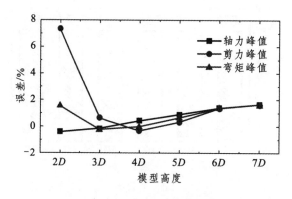

（a）EL Centro 地震动

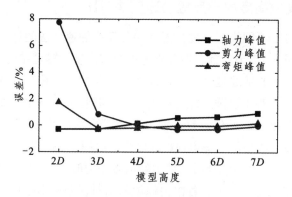

（b）Loma Prieta 地震动

图 5-18　内力峰值误差随模型高度变化规律

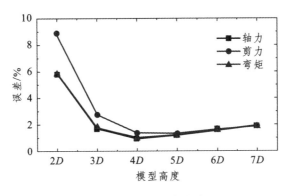

（a）EL Centro 地震动

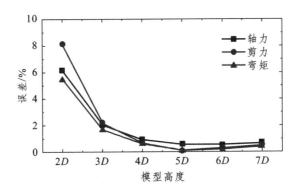

（b）Loma Prieta 地震动

图 5-19　内力二范数误差随模型高度变化规律

　　局部反应加速度法所计算的隧道结构内力二范数误差如图 5-19 所示，其随模型高度的变化规律和内力峰值相对误差的变化规律基本一致。当局部反应加速度法的模型高度取 2D 时，轴力的二范数误差最大，约为 9%，剪力和弯矩的二范数误差也都要大于 5%；在模型高度大于 5D 时，内力二范数误差基本稳定，且维持在 2% 左右，表现出良好的计算精度。综合图 5-18 和图 5-19 的对比结果，可认为模型高度为 5 倍结构高度时，局部反应加速度法可以较为准确地计算结构内力和变形反应。图 5-20 和图 5-21 进一步列出了 EL Centro 地震动和 Loma Prieta 地震动作用下，整体动力时程分析方法和模型高度为 5D（$H=2D$）时的局部反应加速度法所计算的隧道结构内力云图，从中可以看出，此时的局部反应加速度法和动力时程分析方法所计算的内力大小和分布规律基本一致。因此，后续对局部反应加速度法的计算精度的讨论也是基于 $H=2D$ 情况下开展的。

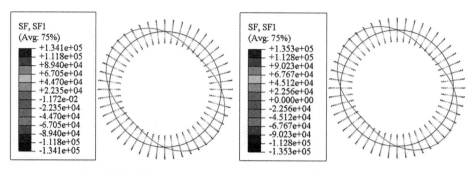

（a）轴力

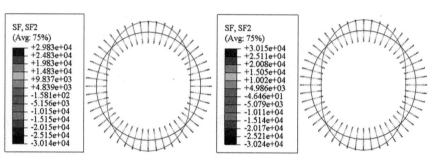

（b）剪力

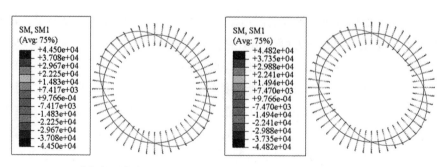

（c）弯矩

图 5-20　EL Centro 地震动作用下内力云图

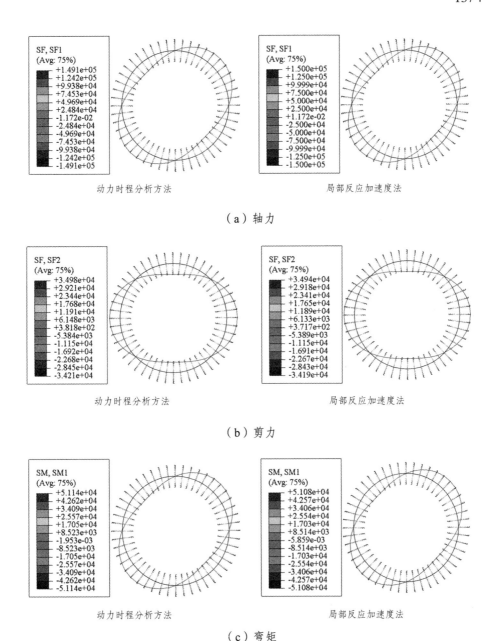

动力时程分析方法 局部反应加速度法

（a）轴力

（b）剪力

（c）弯矩

图 5-21　Loma Prieta 地震动作用下内力云图

5.5.4　不同结构刚度局部反应加速度法对比

为进一步探讨本书提出的局部反应加速度法的适用性，本节通过改变隧道结构的刚度研究不同土-结构刚度比情况下本书方法的计算精度。原型结构的弹性模量为 30 GPa，此外还设计了结构弹性模量分别取 6 GPa、60 GPa、150 GPa和 300 GPa 的计算工况。

分析误差同 5.5.3 节一致，包含内力峰值相对误差和内力二范数相对误差。两种不同误差随隧道结构的刚度变化情况分别如图 5-22 和图 5-23 所示。从图 5-22 和图 5-23 中可以看出，随着结构刚度的逐渐增大，内力峰值误差和内力二范数误差基本呈现逐渐减小的趋势。此外还可以看出，EL Centro 地震动作用下隧道结构内力峰值相对误差和内力二范数误差要略高于 Loma Prieta 地震动作用下的相应误差值，但所有误差值基本维持在 5%以内，这也表明局部反应加速度法在不同土-结构刚度比工况下都能表现出较好的计算精度。

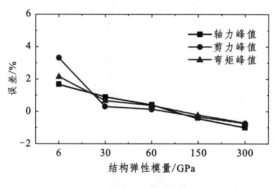

（a）EL Centro 地震动

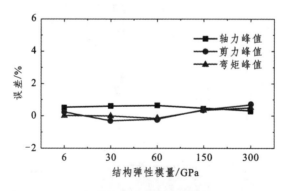

（b）Loma Prieta 地震动

图 5-22　内力峰值误差随结构刚度变化规律

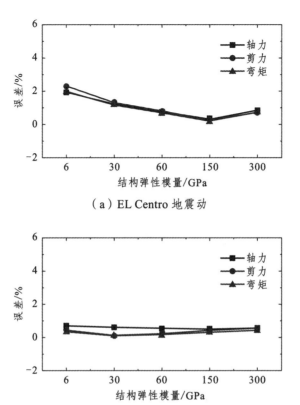

（a）EL Centro 地震动

（b）Loma Prieta 地震动

图 5-23　内力二范数误差随结构刚度变化规律

6

浅埋地下结构
惯性力-位移法

6.1 引　言

通过总结现有地下结构横断面抗震简化分析方法可以发现，目前工程上常用的简化分析方法往往只注意到了场地土层地震水平变形对地下结构地震反应影响的剪切效应，而忽略了竖向地震作用引起的土层惯性力对地下结构地震反应的影响，即上覆土层的惯性力效应。相关研究表明竖向地震动有可能是造成地下结构破坏的关键因素，特别是对于浅埋地下结构情况。竖向地震作用对地下结构的关键支撑构件的竖向受力评价会产生极大影响，实际上是改变了支撑柱的轴压比，从而改变了支撑柱的抗剪强度和变形性能。对地下结构地震反应受力而言，支撑柱的抗剪强度提高而极限变形能力降低是不利的，这意味着支撑柱将分担更多的由于土层变形而作用在地下结构上的水平向剪力，同时，其极限变形能力的降低使得它可能先于侧墙遭到破坏，进而导致顶板及地下结构体系的整体毁坏。因此，简化的实用分析方法能否准确地反映地下结构在地震作用下的支撑构件轴向受力，是评价该方法合理性的关键因素之一。

本章基于传统反应位移法和整体式反应位移法的计算模型，提出考虑上覆土体竖向惯性力效应的浅埋地下结构地震反应分析的惯性力-位移法和整体式惯性力-位移法。通过与动力分析方法和传统反应位移法计算结果的比较，验证本书方法的计算精度和合理性。对比两种分析方法的结构位移响应和关键截面的内力响应，并分别建立中柱和土-结构体系的 Pushover 分析模型。计算结果表明：仅考虑水平地震作用的整体式反应位移法所确定的中柱与侧墙的内力和位移响应并未引起结构破坏；考虑上覆土体竖向惯性力效应的整体式惯性力-位移法所确定的中柱与侧墙的内力和位移响应均有所改变，中柱的轴力变化最为明显，而处于高轴压作用下中柱的抗剪承载力和水平变形能力降低，使其先于侧墙发生破坏并引起整体结构的破坏。

6.2 大开地铁车站震害调研

6.2.1 大开地铁车站地震灾害简介

1995 年 1 月 17 日凌晨 5 时 46 分，在日本阪神地区兵库县发生里氏 7.3 级地震，震中位于神户市和淡路岛之间的海底（北纬 34.604°，东经 135.034°），震源深度约为 14 km。如图 6-1 所示，神户市地处欧亚板块、北美板块、太平洋板块和菲律宾海板块交汇带，地震活动强烈，震源机制为走滑型。日本气象厅命名此次地震为兵库县南部地震，新闻媒体称之为阪神地震。

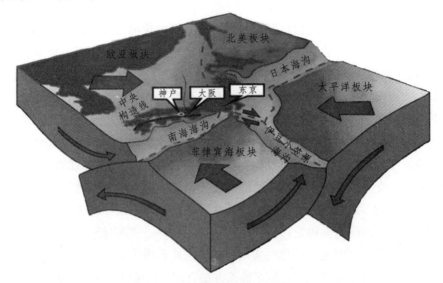

图 6-1　引起阪神地震的板块运动

据报道，阪神地震造成了震源附近 100 km 范围内灾难性的破坏，死亡人员多达 5 500 余人，受伤人员约达 35 000 人，数以万计的建筑发生严重损坏或倒塌，直接经济损失约达 1 400 亿美元。地震过程中，大量的房屋、桥梁、铁路隧道及高速公路发生严重破坏，地下结构也同样遭到了严重破坏。在地震影响范围内共有 100 余条隧道（包括 43 条山岭隧道），其中有 30 余条隧道受轻微或中度损坏，10 余条隧道受严重损坏需维修加固。除了山岭隧道以外，城市隧道也在此次地震中遭受相当大的损害。在神户市内 5 条地铁线路的 21 座车站中，神户高速铁道大开站、长田站及它们之间的隧道部分，神户市营铁道的三宫站、上泽站、新长田站、上泽站西侧的隧道部分及新长田站东侧的隧道部分均发生不同程度的破坏。如图 6-2 所示，大开地铁车站正上方的 28 号国道发生严重的塌陷，最大沉降量达 2.5 m。经过震后调查发现，站内共有 30 根中柱出现严重压曲的情况，大开地铁车站发生了几乎完全的塌毁破坏，成为世界地震史上大型地下结构在地震中遭受塌毁破坏的首例。

大开地铁车站于 1962 年 8 月兴建，采用的建造方法为明挖法，并于 1964 年 1 月完工。该车站距离阪神地震震中约 15 km，地震时车站中央部分 120 m 长线路上 30 多根柱子完全毁坏，直接导致了混凝土上顶板破坏。大开地铁车站的最初设计是没有考虑地震作用的，但设计非常保守且整体结构安全系数很高，尤其是中柱的安全系数达到3。大开车站没有跨越断层区域，并且周围无液化土层，但仍遭遇如此严重的地震破坏，引起了世界范围内学者和工程师们的广泛关注。

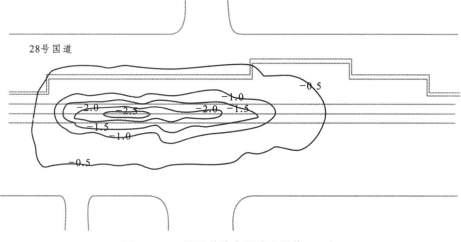

图 6-2　28 号国道地表沉降（单位：m）

　地震发生以后，日本政府组织了相关团队开展详尽的震害调查工作并获得了一系列具有科学研究和工程实践意义的宝贵资料。大开地铁车站破坏情况的示意图如图 6-3 所示，沿车站走线方向可将其分为 A、B 和 C 三个区域：A 区域（1 号柱～24 号柱）为靠长田站一侧的单层双跨标准断面，断面尺寸为宽 17 m、高 7.17 m。A 区域出现的震害最为严重，大部分的中柱都出现了压弯破坏，呈两种主要破坏形式，中柱主要有两种破坏形式，一种是柱子钢筋左右大致对称压曲，呈灯笼状，如图 6-4 中的 2 号柱，另一种是柱子被单向压弯，如图 6-4 中的 10 号柱。这个区域的顶板发生扭卷并向下塌陷，整体断面形状呈"M"形，顶板中线两侧 2 m 内的纵向裂缝宽达 150～250 mm。顶板出现的横向裂缝大致沿纵向等距离分布，大多出现在中柱的边缘，裂缝宽度达 70 mm。侧墙上部腋下部的混凝土发生脱落，内侧的主筋发生失稳，外侧产生了最大为 200 mm 的裂缝，左右两侧侧墙上部均向内部发生了一定倾斜。B 区域（24 号柱～29 号柱）横断面为二层四跨断面，断面尺寸为宽 26 m、高 10.12 m。B 区域较其他两个区域的破坏程度相对较轻，在地下二层的 6 根中柱中，其中 3 根只受到轻微损伤，仅有靠近 A 区域和 C 区域的过渡区域的中柱受到损坏，呈压碎鼓胀状。C 区域（29 号柱～35 号柱）的结构形式与 A 区域相似，同样为单层双跨结构，但破坏

程度轻于 *A* 区域，如图 6-4 所示的 31 号柱。在 *C* 区域，中柱下部发生剪切破坏，混凝土剥落，轴向钢筋被压曲外露，使上顶板下沉 5 cm 左右。值得注意的是，虽然阪神地震中神户地区地铁地下结构出现了大规模的地震破坏，但其中大多数地下结构较大开车站所出现的整体塌毁的破坏程度均要轻微，即使与大开车站位于同一线路的前后两座地铁车站（新开地站和长田站）及区间隧道也并未出现塌毁现象。

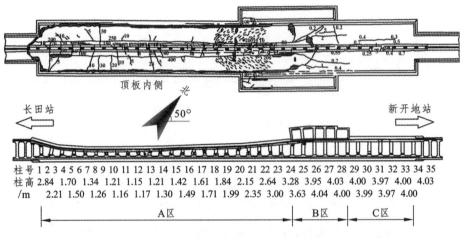

图 6-3　大开地铁车站纵向破坏情况

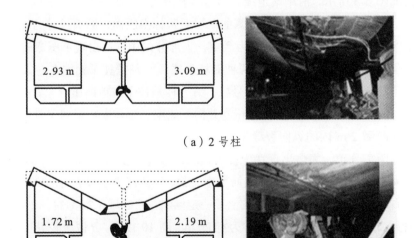

（a）2 号柱

（b）10 号柱

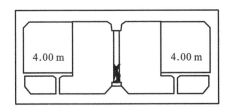

（c）31 号柱

图 6-4　典型横断面破坏模式

6.2.2　大开地铁车站倒塌原因分析

基于不同的分析方法、分析模型及分析条件，国内外研究工作从各自角度分析了大开地铁车站的成灾机理，并提出其遭受地震破坏的原因解释。

Iida 等[44]通过现场震害调查推测，大开车站受强烈的水平地震动作用，中柱端部附近由于弯剪作用达到了极限强度，中柱受损后致使框架结构侧向承载能力降低，进而产生过大的水平相对位移，此时附加弯矩作用（$P-\Delta$ 效应）使中柱的水平、竖向承载能力急剧降低，最终完全破坏，这一破坏模式实际上是一种地下结构水平抗剪能力不足的解释。Iwatate 等[52]基于振动台模型试验和考虑土体及结构材料为线弹性的整体动力数值计算认为，强大的水平地震动由周围土层作用于车站结构上使其发生剪切变形，中柱产生的应变是侧墙的 5 倍，中柱由于抗剪承载能力不足而发生破坏，并导致上顶板的坍塌。矢的照夫等[215]通过二次拟静力推覆分析认为，首先强大的水平荷载使中柱的抗剪能力达到屈服并逐渐产生破坏，中柱的竖向承载能力也随之消失并在持续加荷下发生整体的压弯破坏，侧墙的上端及上顶板在中柱发生压弯破坏后发生了受弯屈服，大开地铁车站最终倒塌是由于中柱的弯曲剪切破坏所致。上述研究者的工作成果都强调了地层水平变形对地下结构产生的剪切破坏影响，认为中柱抗剪能力不足是大开地铁结构破坏的主因。

An 等[216]通过数值计算分析认为，竖向地震动对大开车站的破坏起到了不可忽视的作用，大开车站结构地震破坏是由于中柱抗剪能力和变形能力不足导致，竖向地震动产生的中柱竖向承载变化改变了中柱抗剪能力和变形能力，但他们仍然强调地层水平变形对地下结构产生的剪切破坏是主因，竖向地震作用仅加大了其破坏程度，因此，中柱所受破坏仍主要是剪切破坏，并建议了提高中柱抗剪和变形能力的方法。Huo 等[19]比较分析了大开车站破坏区间及未破坏的邻近区间隧道，结果表明：大开车站破坏区间较未破坏邻近区间土-结构相对刚度比偏小，前者计算得到的中柱由地震引起的侧向位移为 4 cm，而后者仅为

3 cm；前者由于箍筋的缺乏及跨度大而导致较高的轴向荷载，在剪切作用下发生了脆性破坏，而后者由于横断面宽度较窄，且中柱配有较适度的箍筋，故中柱有足够的延性抵抗地震引起的侧向位移并且承担的轴力也较小而免于破坏。庄海洋等[177]认为车站结构顶板与侧墙的交叉部位和中柱的顶底端首先发生弯曲破坏而形成塑性铰，使得顶板上覆土的大部分重力传递到中柱进行承担，在由顶板破坏后传来的上覆土重力和地震动在中柱中引起的压应力的共同作用下，中柱最终发生压曲和弯曲的双重破坏，导致中柱倒塌，进而导致车站顶板的坍塌。刘如山等[127]和邬玉斌[128]认为，在地震过程中，结构经历了多个周期的动力荷载作用，中柱因其承受过大的轴应力最先发生受压破坏，同时在受到重复弯矩和剪力的作用过程中受弯矩和剪力较大的上下端最先出现混凝土脱落的现象，由竖向地震动引起的高频变轴力加速了中柱外围混凝土的破裂并降低了中柱承压能力，竖向地震动产生的轴力和上覆土层的重力作用使中柱上下端彻底被压碎，进而导致顶板及上覆土体的塌落，整个截面断裂并呈"M"形破坏。刘祥庆[217]认为，由于采用明挖法施工，大开车站顶板上覆土层为人工回填土，在强烈地震动作用下回填土易丧失自身结构性，松散堆载于结构之上，使结构中柱及顶板的荷载增大；在竖向地震动作用下中柱所承受的轴压力进一步增大，致使其在承受过大的轴压力情况下弯矩承载力急剧降低；在同时发生的水平强烈地震作用下，中柱上下端承受了很大弯矩而形成塑性铰，在高轴压与大弯矩作用下，中柱上下端的塑性铰进一步发展最终导致在这些部位发生压弯破坏而折断；此时顶板中部挠度较大，使得上覆路面发生较大的沉陷，进而使结构更接近倒塌。

以上研究工作均对大开地铁车站的成灾过程及破坏机理进行了较为深入细致的探讨，虽然给出的解释并不完全一致，但总的来说，大开地铁车站发生倒塌破坏显然是由于中柱首先受损破坏所致。杜修力等[125]通过大量数值研究认识到，由于大开地铁车站为浅埋地下结构，土体不是具有自承载能力的连续整体性介质，上覆土体实际是堆压在结构顶板上的荷载。因此，在地震作用下，地下结构除受到水平地震作用引起的土层变形的剪切作用效应外，同时，上覆土体的自重和竖向地震作用的惯性力也会施加在地下结构的顶板上，从而改变结构中的柱子的轴力，进而改变柱子的轴压比。轴压比的变化会对柱子的变形、抗剪强度产生重要影响。相比较而言，这种轴压比的变化，中柱会显著大于侧墙，导致两者间变形能力不协调性的增加。由于高轴压比的柱的变形能力差，易首先发生突然的脆性破坏失去承载能力，进而导致顶板的破坏。事实上，当轴压比增大时，柱的抗剪能力增强和变形能力下降，中柱抗剪能力的增强将分担侧墙的水平承载，但由于柱的变形能力下降并低于侧墙，易发生中柱脆性破坏。当轴压比减小时，柱的抗剪能力降低，但变形能力增强，中柱抗剪能力的降低将转移其承担的水平荷载给侧墙分担，通常侧墙的抗剪能力受土体约束和顶、底板支撑作用会有较大的安全裕度，这样柱就不易产生破坏。因此，合理的地下结构抗震体系应该是采用后者，即在保持柱的足够竖向承载能力基础上提升其水平变形能力是提高地下结构抗震能力的关键。

6.2.3　现有简化分析方法的局限性

总体来说，随着国内外学者对地下结构抗震性能和震害特点认识的不断加深，关于地下结构抗震分析方法也在不断完善。但是，上述各实用分析方法仅注意到了场地土层地震水平变形对地下结构地震反应影响的剪切效应，忽略了另一个关键问题——竖向地震作用引起的土层惯性力对地下结构地震反应的影响，即上覆土层的惯性力效应。相关研究表明，竖向地震动有可能是引起地下结构破坏的关键因素[22, 125, 212]，特别是对于浅埋地下结构情况，上覆土体可能在地震作用初始阶段发生剪切破坏[124]，此时，它与地下结构周围的其他土体已不是一个连续的整体，在后续的地震反应中，它的作用仅是堆积到地下结构顶板上与周围土体发生弱连接的堆积土（类似于回填土体情况）效应，对地下结构的约束作用和地震反应影响也完全不同于连续土体对应的情况。与传统的反应位移法对应的力学分析模型相比，主要存在两个方面的差异，一是地基弹簧系数计算模型不同；二是传统的反应位移法模型忽略了上覆土体在竖向地震作用下施加到地下结构顶板上的惯性力效应。后面的分析表明，前者的差异对地下结构地震反应的影响并不明显，但后者却对地下结构的关键支撑构件的竖向受力评价产生极大影响，实际上是改变了支撑柱的轴压比，从而改变了支撑柱的抗剪强度和变形性能[125]。对地下结构地震反应受力而言，支撑柱的抗剪强度提高而极限变形能力降低是不利的，这意味着支撑柱将分担更多的由于土层变形而作用在地下结构上的水平向剪力。同时，其极限变形能力的降低使得它可能先于侧墙遭到破坏，进而导致顶板及地下结构体系的整体毁坏。因此，简化的实用分析方法能否准确地反映地下结构在地震作用时的支撑构件轴向受力是评价该方法合理性的关键因素之一。

6.3　惯性力-位移法

6.3.1　力学模型

在《城市轨道交通结构抗震设计规范》（GB 50909—2014）和《地下结构抗

震设计标准》（GB/T 51336—2018）中，当采用反应位移法进行地下结构横断面的地震反应分析时，其计算模型如图 4-4 所示，在结构周边均设置两个方向的地基弹簧并施加土层相对位移、土层剪力和结构水平惯性力三部分地震荷载。如前文所述，传统反应位移法和目前大多数地下结构横断面抗震简化分析方法一样，仅注意到了场地土层地震水平变形对地下结构地震反应影响的剪切效应。但总结大开地铁车站的地震灾害特点可以发现，大开车站是一个采用明挖法建造的浅埋地下结构，地震作用下上覆土体（回填土体）在剪切破坏后失去对地下结构的约束作用，而产生较大的竖向惯性力效应作用在结构顶板位置。也就是说，当出现上述问题时，传统反应位移法对于类似大开车站等浅埋结构形式的抗震分析并不是十分合适。因此，本节提出一种适用于浅埋地下结构地震反应分析的惯性力-位移法[218]。

本节提出的惯性力-位移法是建立在传统反应位移法计算模型基础上的简化分析方法，该方法舍弃结构顶部的压缩和剪切弹簧，同时考虑剪切破坏后的上覆土体及地下结构本身在竖向地震作用下产生的竖向惯性力，其力学模型如图 6-5 所示。在实际地震过程中，结构上覆土体最大竖向惯性力发生时刻和结构顶底板处土层最大水平相对变形发生的时刻可能不一致，该模型考虑对地下结构最不利的地震荷载工况进行简化处理。从该力学模型可以看出，与传统反应位移法相比，该模型更能体现类似大开地铁车站等浅埋地下结构在强震作用下的动力反应特征。

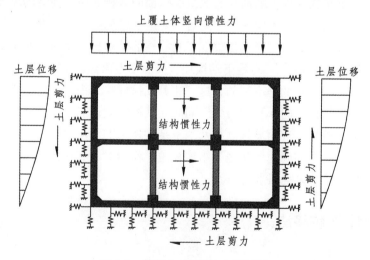

图 6-5　惯性力-位移法力学模型

6.3.2 关键参数

传统反应位移法的计算参数包含地下结构周边各个部位的地基弹簧刚度系数、沿结构高度方向的自由场水平相对位移、结构顶底板及侧墙位置处的土层剪力，以及地下结构的水平惯性力。对于图 6-5 所示的力学模型，惯性力-位移法不需要确定结构顶部的压缩弹簧与剪切弹簧的刚度系数，而需要确定结构及其上覆土体在竖向地震荷载作用下所能产生的最大竖向惯性力。除此之外，其余各荷载可按传统反应位移法的方式施加在结构上。因此，本节主要阐述惯性力-位移法与传统反应位移法所不同的两个关键参数的确定方法。

（1）地基弹簧刚度系数。

在确定地基弹簧刚度系数时，惯性力-位移法不考虑结构上覆土体与周围其他土体之间的相互作用，即认为上覆土体不作为连续介质考虑，如图 6-6 所示。尽管该计算模型与传统反应位移法有所差异，但仍可借鉴传统反应位移法求解地基弹簧刚度系数的思路，即采用《城市轨道交通结构抗震设计规范》（GB 50909—2014）和《地下结构抗震设计标准》（GB/T 51336—2018）中的静力有限元方法进行求解。

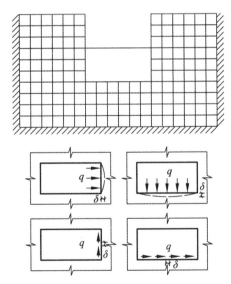

图 6-6　惯性力-位移分析法基床系数计算模型

对于图 6-6 所示的计算模型，需要确定地下结构左右侧墙位置和底板位置水平和竖直两个方向的地基弹簧刚度系数。参考静力有限元方法，在结构侧墙位置和底板位置对应土体处分别施加水平和竖直方向的均布荷载，然后分别计算各种荷载作用下相应节点的变形，便可以得到对应的基床系数。出于简化考虑，假设结构同一个面上的弹簧性质相同，即弹簧刚度一致，因此结构在均布荷载的作用下某一面的变形应为该面各个结点变形的平均值。确定基床系数后，地基弹簧的刚度可按式（4-5）计算。

（2）地下结构及其上覆土体竖向惯性力。

惯性力-位移法的另一个关键参数是确定地下结构及其上覆土体的最大竖向惯性力，这也是惯性力-位移法与传统反应位移法及其他地下结构抗震简化分析方法最大的区别。如图 6-7 所示，给出了常见地下结构评估竖向惯性力作用的计算模型，包括单层单跨、单层双跨和单层三跨矩形结构[219]。对于矩形单层双跨地下结构而言，在竖向地震动作用下，结构及其上覆土体的竖向加速度反应很大程度上取决于结构的竖向抗压刚度，尤其中柱的抗压刚度影响更为明显[22]。

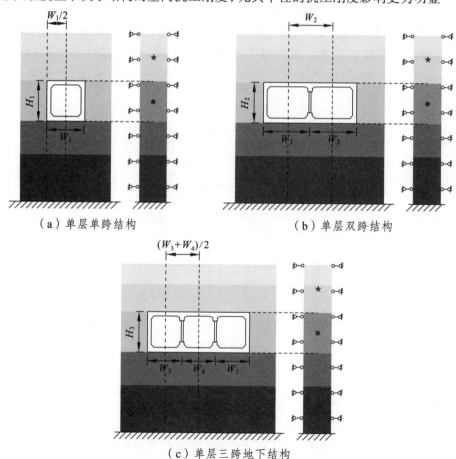

（a）单层单跨结构　　　　　　　（b）单层双跨结构

（c）单层三跨地下结构

图 6-7　结构及其上覆土体竖向加速度计算模型

因此，单层双跨的大开地铁车站的中柱可以等效为一定宽度范围（$W_2 \times H_2 \times D$，W_2 为单跨结构宽度，H_2 为结构高度，D 为中柱间距）的土层，如图 6-7 所示。根据刚度等效的原则，等效后土体的抗压刚度应该和原中柱的抗压刚度一致，因此，等效土体的弹性模量可按下式计算：

$$E_{\mathrm{ES}} = E_{\mathrm{C}} \frac{C_1 \times C_2}{W_2 \times D} \qquad (6\text{-}1)$$

式中：E_{ES} 为等效土体的弹性模量；E_{C} 为中柱的弹性模量；C_1 和 C_2 分别为中柱截面的长度和宽度；D 为相邻中柱间距。

对等效后的一维场地进行竖向地震反应分析。为方便起见，假设结构竖向加速度等于等效后土层中心位置加速度，上覆土体竖向加速度也等于其中心位置加速度，并以此作为两者竖向惯性力的计算依据。

6.3.3　实施步骤

从惯性力-位移法的力学模型可以看出，该方法的实施步骤与传统反应位移法比较类似，但也有所差异，其具体实施步骤如下：

（1）求解自由场水平地震反应。采用等效线性化程序 SHAKE91，EERA 等对自由场模型进行水平地震作用下的一维土层地震反应分析，当地下结构顶底板位置处对应土层的水平相对位移达到峰值时，提取该时刻下结构位置处对应土层的水平位移和水平加速度，以及顶底板处土层剪力。

（2）求解结构周围地基弹簧刚度系数。采用步骤（1）中一维土层地震反应分析所得的土体有效剪切模量，并通过泊松比换算成相应的土体弹性模量作为输入参数，建立图 6-6 所示的有限元模型，采用静力有限元方法求解结构周围地基弹簧的刚度系数，包括地下结构底板和左右侧墙位置的剪切弹簧和压缩弹簧。

（3）求解地下结构及其上覆土体竖向惯性力。将结构等效成一定范围内的土体，建立图 6-7 所示的计算模型，对该自由场模型进行竖向地震作用下的土层地震反应分析，提取结构及其上覆土体中心位置处最大竖向加速度反应值，并以此计算各自竖向惯性力。

（4）建立惯性力-位移法力学分析模型。按图 6-5 所示的惯性力-位移分析法模型，布设结构底板和左右侧墙位置的地基弹簧，并将步骤（1）和（3）所确定的结构周围等效地震荷载作用于结构的相应位置，以此计算结构的静力反应。

6.4 整体式惯性力-位移法

6.4.1 力学模型

通过前文对地下结构横断面抗震简化分析方法对比，以及惯性力-位移法的研究发现，惯性力-位移法的地震作用主要包括土层变形、结构周围剪力、结构自身水平和竖向惯性力，以及上覆土体的竖向惯性力，同时为了反映地下结构与周围土体的相互作用，需在结构底板和左右侧墙位置设置压缩弹簧和剪切弹簧。为了较为准确地获得地基弹簧系数，需采用静力有限元方法进行计算。然而，惯性力-位移法和经典反应位移法一样，采用集中地基弹簧来模拟结构周围土层，而离散的地基弹簧之间互不相关，无法真实反映实际工程中土层自身存在的相互作用[149]。这将造成结构约束情况与实际工程不符，土-结构接触面的荷载分布存在误差，特别在结构角部，离散的地基弹簧无法形成有效约束，有可能低估结构角部内力反应。实际计算中发现，地基弹簧系数的大小对结构内力计算结果有很大影响，而地基弹簧系数难以准确确定。

因此，在传统反应位移法和整体式反应位移法计算模型基础上，舍弃结构顶部的弹簧约束作用，同时考虑剪切破坏后的上覆土体在竖向地震动的作用下产生的竖向惯性力，提出一种整体式惯性力-位移分析法，其计算模型如图 6-8 所示。

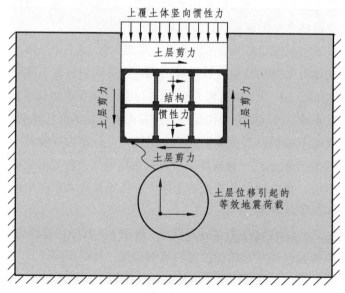

图 6-8 整体式惯性力-位移分析法力学模型

从计算模型来看，整体式惯性力-位移法和整体式反应位移法及反应加速度法一致，直接采用土-结构相互作用模型进行分析，地基弹簧直接用图 6-6 所示的求解地基弹簧静力有限元模型代替，能够准确地反映周围土层对地下结构的约束作用，特别是对结构角部的有效约束。从计算参数选取来看，由于引入地基弹簧进行分析时，地基弹簧系数将引起不确定的计算误差，而整体式惯性力-位移法采用土-结构相互作用模型后，避免了地基弹簧系数带来的误差，同时也保证了和严格的土-结构动力时程分析中相一致的模型参数。从计算工作量来看，整体式惯性力-位移法采用土-结构相互作用模型，避免了确定地基弹簧系数引起的计算工作量，但需要增加计算土层相对位移引起的等效地震荷载[163]。

6.4.2　关键参数

由于传统反应位移法具有明确的物理概念和严密的理论基础，整体式惯性力-位移法基于传统反应位移法和整体式反应位移法进行改进。除了对计算模型进行改进外，地震作用与惯性力-位移法基本一致，包括土层变形、结构周围剪力、结构惯性力和上覆土体最大竖向惯性力。在整体式惯性力-位移法中，地下结构及上覆土体的最大竖向惯性力的确定方法同 6.3 节所介绍的惯性力-位移法一致，两种简化分析方法最大的区别在于土层相对变形引起的等效地震荷载的计算。惯性力-位移法是先通过去除结构的土体模型确定弹簧刚度系数，然后将土层相对位移换算成地震荷载作用在结构上。

整体式惯性力-位移法中，采用计算地基弹簧系数的土层有限元模型代替地基弹簧，如图 6-9 所示，因此可直接在除去结构的土层有限元模型中将土-结构接触面强制拉到自由场变形位置处，此时结构位置处节点反力即认为是土层变形引起的地震作用。例如，在土-结构交界面上，土体节点 i 对应于结构节点 j，如果当土-结构交界面强制到自由场地震反应分析所确定的相对位移时，节点 i 在 x、y 方向的反力分别为 RF_{ix} 和 RF_{iy}，那么相应作用在整体式惯性力-位移法中结构节点 j 上两个方向的等效力分别是 $EL_{jx}=-RF_{ix}$ 和 $EL_{jy}=-RF_{iy}$。

6.4.3　实施步骤

从整体式惯性力-位移法的力学模型可以看出，该方法的实施步骤可以借鉴传统反应位移法和整体式反应位移法两种简化方法，具体如下：

（1）求解自由场水平地震反应。采用等效线性化程序 SHAKE91，EERA 等对自由场模型进行水平地震作用下的一维土层地震反应分析，当地下结构顶底板位置处对应土层的水平相对位移达到峰值时，提取该时刻下结构位置处对应土层的水平位移和水平加速度，以及顶底板处土层剪力。

（2）求解土层变形引起的等效地震荷载。建立除去结构和上覆土体的土层有限元计算模型，如图 6-9 所示，在地下结构对应位置处施加步骤（1）中求得的土层相对位移，计算土-结构交界面上的节点反力，记录该部分反力，并作为整体式惯性力-位移法地震作用中的土层变形引起的等效地震荷载。

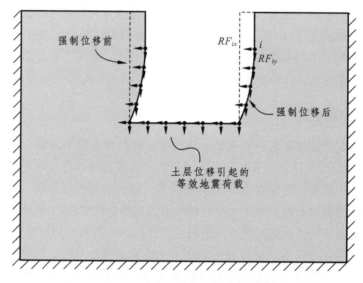

图 6-9　土层变形引起的等效荷载

（3）求解地下结构及其上覆土体竖向惯性力。将结构等效成一定范围内的土体，建立图 6-7 所示的计算模型，对该自由场模型进行竖向地震作用下的土层地震反应分析，提取结构及其上覆土体中心位置处最大竖向加速度反应值，并以此计算各自竖向惯性力。

（4）建立整体式惯性力-位移法力学分析模型。按图 6-8 所示的整体式惯性力-位移分析法模型，并将步骤（1）～（3）所确定的结构周围等效地震荷载作用于结构的相应位置，以此计算结构的静力反应。

6.5　典型工程实例分析

6.5.1　计算模型与参数

为验证惯性力-位移法对强震作用下浅埋地下结构地震反应分析的合理性和计算精度，并揭示阪神地震中大开车站的破坏机理，选取阪神地震中遭到严重破坏的大开车站及受轻微破坏的区间隧道结构进行实例分析，两者结构横断面分别如图 6-10（a）和（b）所示。大开车站和区间隧道结构均为单层双跨钢筋混凝土框架结构，大开车站结构的跨度为 17 m，远大于区间隧道 9 m 的跨度。

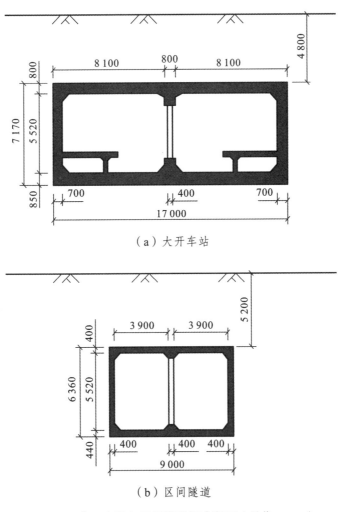

（a）大开车站

（b）区间隧道

图 6-10　大开车站与区间隧道标准断面（单位：mm）

大开车站顶面位于地下 4.8 m，区间隧道顶面位于地下 5.2 m。为建模及对比方便，两种结构所处场地取为统一的参数。该场地由全新世砂土和更新世黏土组成，根据参考文献[218]，场地的土层情况及其物理参数如表 6-1 所示，其中砂土和黏土的等效线性化本构曲线采用典型的砂土和黏土的剪切模量比、阻尼比与剪应变的试验曲线[157]，如图 2-15 所示。

表 6-1　土层物理性质

分层	土质	深度/m	密度/（kg/m³）	剪切波速/	泊松比
1	填土	0～1.0	1 900	140	0.333
2	砂土	1.0～5.1	1 900	140	0.488
3	砂土	5.1～8.3	1 900	170	0.493
4	黏土	8.3～11.4	1 900	190	0.494
5	黏土	11.4～17.2	1 900	240	0.490
6	砂土	17.2～39.2	2 000	330	0.487
7	基岩	>39.2	2 100	500	0.470

采用通用有限元软件 ABAQUS 对大开车站横断面进行地震反应分析，建模时结构采用梁单元，周围土体采用实体单元。与顶板、底板和侧墙不同，中柱在车站纵向是等间距分布的，需按一定原则等效成一个柱间距长度的一面纵墙，并和顶板、底板及侧墙一样，取单位长度作为研究对象。顶板、底板和侧墙弹性模量取为 3×10^4 MPa，密度取为 2.5×10^3 kg/m³。为保证等效前后截面的抗弯刚度、抗剪刚度、抗压刚度及截面质量均不改变，等效后的大开车站结构中柱弹性模量取为 8.57 GPa，密度取为 714 kg/m³，等效后的区间隧道结构中柱弹性模量取为 12 GPa，密度取为 1 000 kg/m³。

阪神地震中，共观测记录到 200 余条地震动记录，但在大开车站所在位置并没有相关的地震动记录，因而进行震害分析时通常选取其附近观测站点的地震动记录作为输入地震荷载。目前有关大开地铁车站的抗震研究工作大多选取神户大学、神户海洋气象台及神户人工岛等几处地震动观测记录作为地震动力输入荷载。神户大学观测站位于大开车站东北部约 10 km 的花岗岩上，该站所观测到的地震动记录受局部土层特性影响较小，因此本章采用阪神地震中神户大学获得的南北向水平地震动和竖向地震动记录数据作为输入地震动，其加速度时程曲线分别如图 6-11（a）和（c）所示。由图 6-3 所示的大开车站平面图可知，大开车站轴向与正北方向交角约为 50°，当对大开车站横截面进行地震反应分析时，本章将阪神地震动记录的南北向分量与东西向分量合成为车站横截面方向，得到的时程曲线如图 6-11（d）所示。

6.5.2　一维土层地震反应分析

无论是传统反应位移法还是惯性力-位移法，均需要对一维场地进行地震反应分析。采用等效线性化程序 EERA 对大开车站场地进行地震反应分析，当结构顶底板位置处对应土体发生最大水平相对位移时，土体沿高度方向的水平位移分布如图 6-12 所示。约在埋深 8 m 位置处，土体的水平变形有明显的变化趋势，这是由于该位置正好处于砂土与黏土的交界面，通过等效线性化后交界面上下部分土体的等效弹性模量有明显的区别，上层土体的弹性模量要小得多，因此上部分的土体的水平相对位移较大。

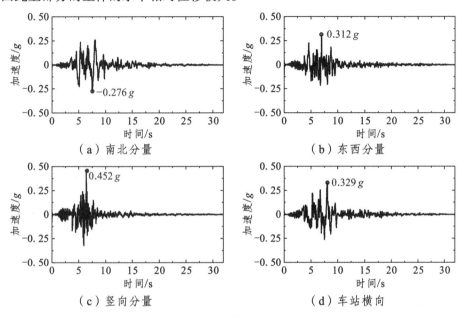

（a）南北分量　　　　　　　　　（b）东西分量

（c）竖向分量　　　　　　　　　（d）车站横向

图 6-11　神户大学观测站获得的阪神地震加速度时程

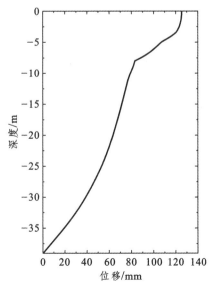

图 6-12　一维场地水平位移分布

由图 6-12 可知，在水平地震动作用下，地表位置处的最大水平位移约为 125 mm，而大开车站和区间隧道结构顶底板位置处对应土体的水平相对位移分别为 30.47 mm 和 27.44 mm。此外，还分别获取了大开车站和区间隧道结构顶底板位置处的土层剪力，以及沿结构高度方向水平加速度值。

等效线性化程序 EERA 仅可以分析一维场地的水平地震反应，因此对场地进行竖向地震反应分析时可采用通用有限元软件 ABAQUS，同时采用一维土层反应分析获得的土体有效弹性模量作为输入参数。由于结构跨度和中柱间距的不同，需根据式（6-1）分别确定中柱等效后土体的材料参数。经过计算，大开车站中柱等效后土体的弹性模量可取为 403 MPa，而区间隧道中柱等效后土体的弹性模量可取为 640 MPa。分别建立大开车站和区间隧道所对应的土柱模型，求得竖向地震动作用下上覆土体中心及结构中心位置处竖向加速度反应，其加速度时程曲线如图 6-13 所示。对于大开车站结构而言，上覆土体中心位置处的峰值加速度为-8.38 m/s^2，车站中心位置处的峰值加速度为-6.45 m/s^2；对于区间隧道结构而言，上覆土体中心位置处的峰值加速度为-7.48 m/s^2，车站中心位置处的峰值加速度为-6.22 m/s^2。

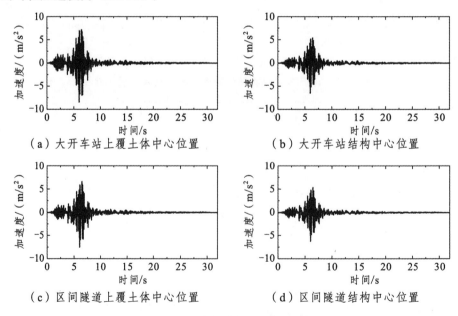

（a）大开车站上覆土体中心位置　　　　（b）大开车站结构中心位置

（c）区间隧道上覆土体中心位置　　　　（d）区间隧道结构中心位置

图 6-13　土体竖向地震反应

6.5.3　地基弹簧刚度系数影响分析

采用一维土层水平地震反应分析所得的土体等效弹性模量作为输入参数，

分别建立传统反应位移法和惯性力-位移分析法中求解地基弹簧的静力有限元模型。由于计算模型的不同，惯性力-位移分析法与传统反应位移法的基床系数也有所差异。从表 6-2 可知，惯性力-位移分析法模型在计算基床系数时不考虑传统反应位移法中结构上覆土体的作用，其基床系数略低于图 4-6 所示的传统模型。而对于同一种分析模型而言，区间隧道结构各个位置的基床系数均要大于大开车站结构的对应位置，这是由于区间隧道结构的跨度和高度均小于大开车站结构的跨度和高度。

表 6-2   传统模型与本书模型基床系数对比（单位：$10^6 \, \text{N/m}^3$）

结构	计算模型	顶板剪切	顶板压缩	侧墙剪切	侧墙压缩	底板剪切	底板压缩
大开车站	图 4-6	1.170	0.796	9.089	10.666	12.805	24.556
	图 6-6	—	—	8.613	9.853	12.802	24.512
区间隧道	图 4-6	2.343	2.471	11.137	13.756	23.639	37.451
	图 6-6	—	—	10.322	12.559	23.631	37.253

为反映不同地基弹簧计算模型对地下结构地震反应的影响，分别采用上述两种基床系数对传统反应位移法进行计算，同时也采用计算精度较高的整体式反应位移法一进行计算，并将各自计算结果同动力时程分析方法的结果进行对比，各分析方法的代号、中英文名称及备注如表 6-3 所示。需要说明的是，RDM1表示传统位移法中采用图 6-6 所示的地基弹簧刚度系数进行求解，因此该模型可以认为是惯性力-位移法的特例，即结构及其上覆土体的竖向惯性力为 0。同前文的分析一致，本节仍选取结构顶底板相对水平位移，侧墙底部轴力、剪力和弯矩，以及中柱底部轴力、剪力和弯矩作为评价指标，计算结果如表 6-4 所示。当仅考虑水平方向地震动作用时，各分析模型所计算的中柱轴力均为 0。

表 6-3   分析方法概况

方法代号	分析方法名称（中英文）	备注
THAM1	动力时程分析方法 Time history analysis method	仅考虑水平方向地震动
THAM2	动力时程分析方法 Time history analysis method	同时考虑水平和竖向地震动
RDM1	反应位移法 Response displacement method	地基弹簧刚度采用图 6-6 所示模型计算
RDM2	反应位移法 Response displacement method	地基弹簧刚度采用图 4-6 所示模型计算

方法代号	分析方法名称（中英文）	备注
IRDM	整体式反应位移法 Integrate response displacement method	计算模型采用图 4-7 所示模型
IFDM	惯性力-位移法 Inertia force-displacement method	计算模型采用图 6-5 所示模型
IIFDM	整体式惯性力-位移法 Integrate inertia force-displacement method	计算模型采用图 6-8 所示模型

表 6-4　不同基床系数计算结果对比

方法	顶底板相对位移/mm	侧墙最大轴力/kN	侧墙最大剪力/kN	侧墙最大弯矩/（kN·m）	中柱最大轴力/kN	中柱最大剪力/kN	中柱最大弯矩/（kN·m）
			大开车站				
THAM1	28.34	400.84	581.75	1 453.40	0.00	68.98	195.01
RDM1	30.02	323.41	494.74	1 342.43	0.00	72.83	208.88
RDM2	30.52	320.08	515.88	1 374.93	0.00	73.70	211.59
IRDM	27.40	371.27	562.84	1 404.81	0.00	65.74	186.39
			区间隧道				
THAM1	30.19	341.00	289.75	481.80	0.00	75.68	195.11
RDM1	30.88	222.46	247.03	416.19	0.00	77.01	199.19
RDM2	30.47	211.96	247.26	418.30	0.00	75.04	194.72
IRDM	29.41	320.76	281.39	466.99	0.00	72.65	187.63

同第 4 章的分析结果一致，与动力时程分析方法比较时，整体式反应位移法的计算精度要优于传统反应位移法。尽管在传统反应位移法中采取了两种不同的基床系数计算模型，但两者的计算结果相差很小，因此可以认为浅埋地下结构上覆土体对结构的约束作用较小，在反应位移法中是否设置结构顶部的压缩弹簧和剪切弹簧对结构的反应没有显著影响。

6.5.4　惯性力-位移法模型验证

为了进一步验证本章提出的惯性力-位移法和整体式惯性力-位移法的计算精度，采用同时考虑水平和竖向地震动同时作用的振动输入方法获得的动力时程分析方法（即表 6-3 所示的 THAM2）计算结果作为精确解进行对比。表 6-5

列出了大开车站和区间隧道结构的惯性力-位移法、整体式惯性力-位移法和严格的动力时程分析方法的计算结果，选取的结构水平变形和各截面内力指标同表 6-4 一致。

表 6-5　不同分析方法计算结果对比

方法	顶底板相对位移/mm	侧墙最大轴力/kN	侧墙最大剪力/kN	侧墙最大弯矩/（kN·m）	中柱最大轴力/kN	中柱最大剪力/kN	中柱最大弯矩/（kN·m）
大开车站							
THAM2	28.34	540.82	619.40	1 481.19	871.04	68.98	195.01
IFDM	30.02	525.43	554.99	1 623.78	792.78	72.83	208.88
IIFDM	26.91	546.84	637.94	1 673.90	755.42	66.13	186.29
区间隧道							
THAM2	30.19	430.46	345.26	491.56	351.77	75.68	195.11
IFDM	30.88	311.26	278.66	496.91	384.18	77.01	199.19
IIFDM	29.21	457.47	321.87	540.24	365.76	74.58	190.83

对比表 6-4 和表 6-5 计算结果可以看出，传统反应位移法较惯性力-位移法和同时考虑水平竖向地震动的动力时程分析方法的最大区别在于中柱所受轴力大小。从传统反应位移法计算模型可知，对于单层双跨的大开车站和区间隧道结构而言，其所受荷载可视为反对称结构，因此在中柱位置的轴力为 0。惯性力-位移法由于考虑了上覆土体和结构自身的竖向惯性力作用，中柱轴力实际上并不可忽视。按当时日本地下结构设计规范（不考虑地震荷载作用），大开车站在静力荷载作用下中柱轴力的设计值为 4 410 kN[44]。对于本章所开展的算例而言，在仅考虑重力情况下，大开车站结构侧墙底部的轴力为 2 028.04 kN，中柱底部的轴力为 3 367.53 kN；区间隧道结构侧墙底部的轴力为 1 065.51 kN，中柱底部的轴力为 1 243.31 kN。当采用神户大学获得的地震动进行计算时，惯性力-位移法计算出的大开车站结构中柱轴力为 792.78 kN/m × 3.5 m=2 774.73 kN，约占静力工况的 82%，整体式惯性力-位移法计算出的大开车站结构中柱轴力为 755.42 kN/m × 3.5 m=2 643.97 kN，约占静力工况的 79%；惯性力-位移法计算出的区间隧道结构中柱轴力为 384.18 kN/m × 2.5 m=960.45 kN，约占静力工况的 77%，整体式惯性力-位移法计算出的区间隧道结构中柱轴力为 365.76 kN/m × 2.5 m=914.40 kN，约占静力工况的 74%。也就是说，考虑上覆土体在竖向地震荷载作用下产生的惯性效应将较大程度改变中柱的轴向压力，而该部分增加的轴向力与静力工况相比并不小，它可能将中柱的轴压比增大了 80%，从而导致中柱抗震性能的变化，

特别是中柱变形能力的降低。因此，上覆土体竖向惯性力是浅埋地下结构抗震设计中不容忽视的地震荷载，这一点是目前绝大多数地下结构抗震简化分析方法没有考虑到的因素之一。而对于处在高轴压作用下的中柱而言，其变形能力较两侧侧墙明显不足。在实际地震中，中柱与侧墙的变形不协调可能是引起大开车站倒塌破坏的关键因素。此外，与动力时程分析方法计算结果相比，整体式惯性力-位移法的计算误差最大为10%左右，表明整体式惯性力-位移法具有可靠的计算精度。

6.6 大开车站地震破坏机理研究

6.6.1 中柱推覆分析

通过前面对地下结构抗震简化分析方法的对比可知，对于单层双跨的大开地铁车站和区间隧道结构来说，当仅考虑水平地震动作用时，可以认为中柱的轴力主要由上覆土体及结构自重产生；当同时考虑水平和竖向地震动时，中柱的轴力不仅包含上覆土体及结构自重，还增加了竖向地震动所引起的惯性力。也就是说，在自重和附加的竖向惯性力下，中柱将呈现不同的轴压比，而轴压比又是一个影响结构构件抗震性能的重要指标。因此，本节首先开展不同轴压下，大开车站和区间隧道中柱的水平推覆分析。

大开车站和区间隧道中柱的截面配筋如图6-14所示，两者配筋率相当，分别为6%和5.6%。阪神地震后，大开车站进行了修复和重建工作，中柱的结构形式从原来的钢筋混凝土结构改为了现在的钢管混凝土结构。如图6-15所示，新建中柱是三个方形钢管混凝土柱组合而成，钢管截面的长宽均为450 mm，厚为12 mm。从图6-15中也可以看出，新建中柱的截面尺寸和配筋率均要大于原始大开车站结构。

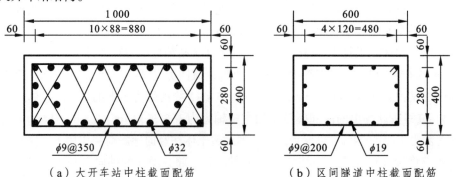

（a）大开车站中柱截面配筋　　　（b）区间隧道中柱截面配筋

图 6-14　原始中柱截面配筋（单位：mm）

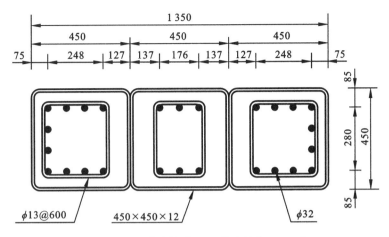

图 6-15 新建中柱截面配筋（单位：mm）

原始中柱和新建中柱推覆分析的有限元模型分别如图 6-16 和图 6-17 所示。在对中柱进行推覆分析时，均选取的是单跨结构尺寸，即大开车站结构取 3.5 m，区间隧道结构取 2.5 m。此外需要指出的是，由于在本节的推覆过程中只关注中柱的损伤及破坏情况，顶底板及顶底梁部分的混凝土采用的是弹性模型，并且没有嵌入相应的钢筋网。中柱混凝土采用塑性损伤模型进行模型，其材料特性如表 6-6 和表 6-7 所示。该模型是根据 Lubliner 等提出损伤模型确定的，混凝土塑性损伤模型引入损伤概念，可较好地模拟混凝土的卸载刚度因损伤增加而降低的规律，合理地描述混凝土在往复荷载作用下的力学行为，可用于钢筋混凝土结构的非线性分析。此外，钢筋采用理想弹塑性模型，初始弹性模量取为 200 GPa，屈服应力取为 235 MPa。钢筋笼按图 6-14 和图 6-15 建模，并嵌入混凝土中，不考虑两者之间的黏结滑移。新建大开车站中柱的有限元模型中，钢管和混凝土交界面位置共节点，混凝土材料参数采用和原始大开车站中柱相同的模型参数，方形钢管的材料参数采用同上述钢筋一致的模型参数。在大开车站和区间隧道中柱的推覆过程中，模型底部固定，顶部首先施加竖向压力，所施加的竖向压力值根据不同工况下中柱对应的轴压比进行确定。随后，在模型顶部进行逐级水平位移加载。同时，从前面对单层双跨地下结构地震反应特征的分析中可以看出，由于上覆土体和顶板的约束作用，中柱顶部的转动自由度在很大程度上被约束，因此为真实反映地震过程中中柱的变形行为，在中柱推覆过程中模型顶部也施加了转动约束。

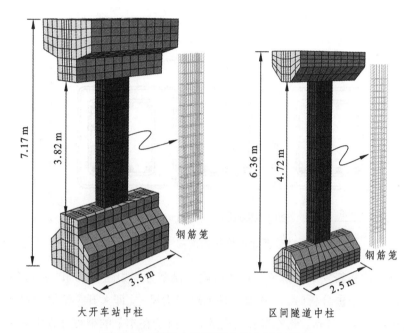

图 6-16　原始中柱推覆分析有限元模型

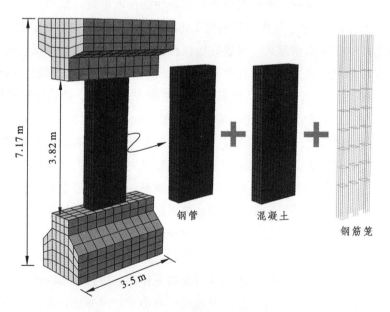

图 6-17　新建中柱推覆分析有限元模型

表 6-6 混凝土塑性损伤模型参数取值

模型参数	参数值	模型参数	参数值
弹性模量/GPa	30	极限压应力/MPa	20.18
泊松比	0.15	初始屈服拉应力/MPa	2.40
密度/（kg/m³）	2 450	压缩刚度恢复参数	1.0
扩张角/（°）	36.31	拉伸刚度恢复参数	0.0
初始屈服压应力/MPa	14.64		

表 6-7 混凝土塑性损伤模型损伤变量取值

受压行为			受拉行为		
压应力/MPa	塑性应变	损伤因子	拉应力/MPa	开裂位移	损伤因子
14.64	0	0	2.40	0	0
17.33	0.04	0.113	2.01	0.033	0.191
19.44	0.08	0.246	1.62	0.066	0.381
20.10	0.12	0.341	1.08	0.123	0.617
20.18	0.16	0.427	0.73	0.173	0.763
18.72	0.2	0.501	0.49	0.22	0.853
17.25	0.24	0.566	0.22	0.308	0.944
12.86	0.36	0.714	0.15	0.351	0.965
8.66	0.5	0.824	0.10	0.394	0.978
6.25	0.75	0.922	0.07	0.438	0.987
3.98	1	0.969	0.04	0.482	0.992

  根据动力时程分析和简化分析方法可知，在重力作用下大开车站和区间隧道中柱的轴压比分别为 0.59 和 0.36，增加竖向地震动作用后，大开车站和区间隧道中柱的轴压比则分别增加至 1.05 和 0.63。因此，在对中柱进行水平推覆分析时，需在模型顶部施加适当的竖向压力，使中柱的轴压比为上述两个不同值。各个中柱推覆分析的水平力-位移曲线如图 6-18 所示。由图 6-18（a）可以看出，大开车站中柱在轴压比为 0.59 和 1.05 情况下的力-位移曲线表现出明显的不同，在考虑竖向地震动所引起的上覆土体及结构自身惯性力时，峰值推力和极限位移（此处定义为峰值推力 85% 所对应的位移）都要低于中柱轴压比等于 0.59 的

情况。对于轴压比等于 0.59 的原始大开车站的中柱而言，当水平位移约为 46 mm 时，水平推力约达到峰值 580 kN，此时中柱的侧移率约为 1/147，此后水平推力并没有出现明显的下降趋势，而是表现出良好的延性性能。相比之下，当大开车站中柱的轴压比达到 1.05 时，当水平位移达到 37 mm 时，水平推力约达到峰值 528 kN，此时中柱侧移率约为 1/183，此后力-位移曲线出现明显的下降段，位移约为 55 mm；侧移率约为 1/123 时，水平推力降至峰值推力的 85% 左右，此时可认为中柱失效。也就是说，高轴压比作用下的中柱表现出的抗水平推力和水平变形能力都有明显的减小，这可能是导致阪神地震中大开地铁车站地震破坏的主要原因之一。

不同竖向压力作用下区间隧道中柱的力-位移曲线如图 6-18（b）所示，可以看出虽然增加竖向地震动，但区间隧道中柱轴压仅是由原来的 0.36 增加至 0.63，相比地铁车站中柱的轴压比要小得多。因此，区间隧道中柱在轴压比为 0.36 和 0.63 情况下的力-位移曲线呈现的趋势基本一致，峰值推力过后两者均保持了很长一段的变形能力，表现出较好的延性性能。

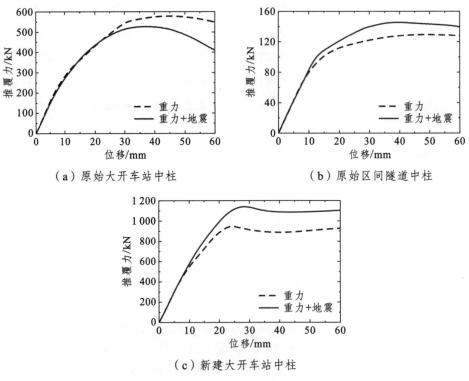

（a）原始大开车站中柱　　　　　　　（b）原始区间隧道中柱

（c）新建大开站中柱

图 6-18　不同轴压比下中柱推覆力-位移曲线

不同竖向压力作用下新建大开车站中柱的力-位移曲线如图 6-18（c）所示，尽管在模型顶部施加了和原始大开车站中柱模型相同的竖向压力，但高轴压下的钢管混凝土柱并没有出现普通钢筋混凝土柱的破坏。在轴压比为 1.05 时，新建大开车站中柱所能承载的水平推力峰值为 1 139.57 kN，约为相同轴压比下原始大开车站中柱所能承载的水平推力峰值的 2 倍，可见中柱采用钢管混凝土结构形式可以在很大程度上提升其抗剪承载力。在峰值推力过后，钢管混凝土柱仍能保持较好的抗侧力，力-位移曲线没有出现明显的下降趋势，这和低轴压下普通钢筋混凝土柱类似，可以认为其具有良好的延性性能。

进一步分析大开车站结构中柱可以发现，上覆土层的重力大部分由中柱承担，中柱在受力初始阶段轴压比接近 0.6，增加竖向地震动作用后轴压比高达 1.05。根据图 6-19 所示的压弯截面的承载力曲线可知，高轴压作用一方面降低了截面受弯承载力，同时也降低了截面的塑性转动能力，在截面弯矩达到受弯承载力后产生塑性铰，之后承载力急剧下降，直至构件破坏。总的来说，通过对大开车站和区间隧道中柱进行推覆分析可以初步发现，由于竖向地震动所引起的上覆土体及结构自身惯性力，中柱的轴压比有明显的增大。原始大开车站的中柱在高轴压比出现了延性不足的脆性破坏，对车站整体抗震性能产生不利的影响，这可能是导致阪神地震中大开地铁车站塌毁破坏的主要原因之一。而区间隧道中柱和新建大开车站中柱在相应轴压作用下都没有出现延性不足的破坏，而是在水平推力峰值过后仍保持了一定的抗侧力。因此，区间隧道结构在地震过程中没有出现类似大开地铁车站的破坏现象。

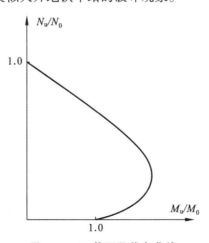

图 6-19　正截面承载力曲线

6.6.2 土-结构体系推覆分析

上一节从不同竖向压力作用下中柱承载力和变形能力的角度，通过拟静力推覆的方法探讨了大开车站出现塌毁破坏的潜在原因，但拟静力推覆过程中构件的约束条件与真实地震反应有一定的区别。因此，本节借助地下结构 Pushover 分析方法，对土-地下结构体系进行推覆分析。

综合考虑计算效率及边界约束条件对计算结果的影响，本节开展的土-结构体系推覆分析有限元模型深度方向均取至基岩面，即模型高度取 39.2 m；在车站纵向均取单跨结构宽度，即大开车站模型取 3.5 m，区间隧道模型取 2.5 m；在车站横向均取结构跨度的 7 倍，即大开车站模型取 119 m，区间隧道模型取 63 m。单跨大开车站和区间隧道各构件的截面尺寸和截面配筋率如表 6-8 所示，需要说明的是，在结构的建模过程中难以严格还原实际大开车站和区间隧道的配筋情况，因此左右侧墙和顶底板均是按照截面配筋率一致的原则尽可能地接近实际情况，中柱则是完全按照图 6-14 和图 6-15 所示的配筋情况进行建模，即与上一节中的有限元模型是一致的。土-结构体系推覆分析的有限元模型如图 6-20 所示，本节中地下结构混凝土均采用塑性损伤模型，且模型参数与中柱推覆分析所采用的模型一致。钢筋采用理想弹塑性模型，模型参数也与中柱推覆分析所采用的模型一致。为了考虑土体剪切模量随剪应变增大而逐渐减小的特性，在推覆过程中土体的模型采用本书第 2 章所介绍的 Davidenkov 模型。模型参数的取值原则是使其与动力时程分析过程中所选用的本构模型一致。

在不同部件接触方面，结构钢筋嵌入至结构混凝土内部，并且不考虑两者之间的黏结滑移；土-结构交界面位置设置摩擦接触，即法向允许土体与结构之间产生脱离，切线方向为摩擦系数等于 0.4 的滑动摩擦。在模型边界条件方面，模型底部固定，左右两侧的边界节点采用 MPC 耦合各个方向自由度，前后两侧边界约束出平面方向自由度。

表 6-8　构件截面尺寸及配筋

	大开车站		区间隧道	
	单跨截面/m	配筋率/%	单跨截面/m	配筋率/%
侧墙	0.7 × 3.5	0.8	0.4 × 2.5	1.1
中柱	0.4 × 1.0	6.0	0.4 × 0.6	5.6
顶板	0.8 × 3.5	1.0	0.4 × 2.5	1.1
底板	0.85 × 3.5	1.0	0.4 × 2.5	1.1

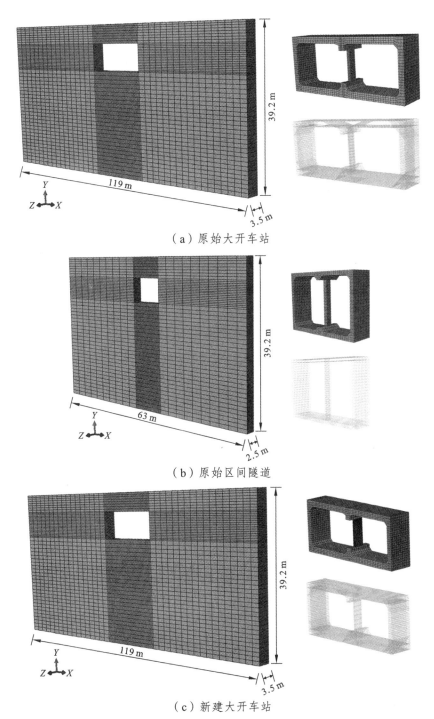

（a）原始大开车站

（b）原始区间隧道

（c）新建大开车站

图 6-20　土-结构体系推覆分析有限元模型

推覆过程中，不同结构中柱弯矩-侧移率和轴力-侧移率变化曲线如图 6-21 所示。由图 6-21（a）可知，在竖向荷载仅考虑重力作用时，中柱底部截面的弯矩和轴力基本上一直随水平侧移率的增大而增大；相比之下，当考虑了竖向地震动所引起的上覆土体惯性力，中柱轴力有明显的增大，在钢筋屈服之前（图中阶段 1 点之前），不同压力下的弯矩-侧移率曲线变化趋势一致，此后考虑竖向地震动的弯矩-侧移率曲线表现出较高的承载力，曲线峰值对应的弯矩值更大。然而，峰值弯矩过后，弯矩-侧移率曲线出现明显的下降段，侧移率约在 1/73 时弯矩值下降到峰值位置的 85%。由图 6-21（a）也可以看出，考虑竖向地震动时，中柱轴力峰值过后也出现下降段。弯矩-侧移率和轴力-侧移率曲线的变化趋势均表明，考虑竖向地震动后中柱的变形能力有明显的不足。由图 6-21（b）可以看出，两种不同竖向压力下，区间隧道结构中柱的承载能力和变形能力相差不大，即使是考虑了竖向地震动的作用，也没有出现类似大开车站结构中柱的脆性破坏。图 6-21（c）为新建大开车站结构的推覆曲线，由于中柱采用了方形钢管混凝土组合结构，中柱的弯矩和轴力承载力有明显的提升。峰值承载力过后，弯矩-侧移率和轴力-侧移率曲线均能保持较高的承载力而不出现下降段，因此保证了新建大开车站结构的安全性能。

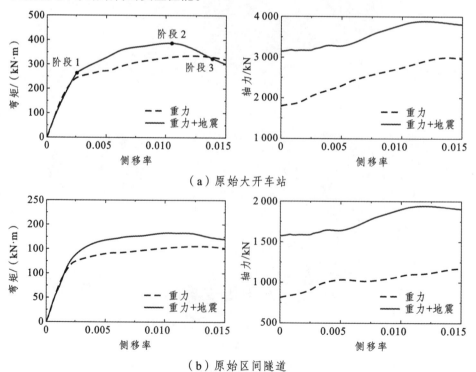

（a）原始大开车站

（b）原始区间隧道

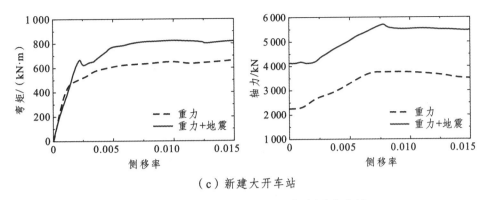

（c）新建大开车站

图 6-21　中柱弯矩-侧移率及轴力-侧移率曲线

综合中柱推覆分析和土-结构体系推覆分析来看，两者可以得出相同的结论，当竖向作用同时考虑重力和竖向地震动作用时，中柱需要承担较大的竖向压力，而此时中柱抗震性能受到严重影响，虽然抗弯承载能力有所提升，但变形能力出现较大程度的减小，对车站结构整体抗震性能不利。

图 6-22 和图 6-23 分别为考虑竖向地震动作用引起的上覆土体惯性力时，土-结构体系在推覆过程中混凝土的拉压损伤和中柱钢筋混凝土等效塑性应变。从中可以看出，在第一阶段之前，中柱的钢筋均处于弹性阶段，中柱混凝土出现微小的压损伤，顶板左右两跨跨中底部混凝土出现一定的拉损伤。在阶段 1 至阶段 2 过程中，中柱的钢筋开始屈服，中柱混凝土的拉压损伤进一步增大，左右侧墙顶底部混凝土也出现较大的拉损伤。在阶段 2 至阶段 3 过程中，中柱混凝土的等效塑性应变达到 0.38%，可以认为超过了混凝土的极限压应变，此时中柱混凝土破坏。此后，如果进一步对土-结构体系进行水平加载，结构将出现图 6-22（d）所示的破坏现象，中柱最终被完全压溃，结构左右侧墙的顶部混凝土出现严重的拉压损伤，顶板随即被压塌。

图 6-24 为实际震害情况与不同结构在不同竖向压力下最终推覆状态的对比。需要说明的是，重力作用下的原始大开车站，重力或重力和竖向惯性力作用下的新建大开车站由于结构没有出现严重的破坏，土-结构体系仍可以进行水平推覆分析，因此这里所述的最终推覆状态均是以原始大开车站结构在重力和竖向惯性力作用下倒塌时刻为依据，也就是说，图 6-24 所列举的数值模拟工况在水平方向所施加的惯性力是完全一致的。从中可以看出，当竖向荷载同时考虑重力和竖向惯性力作用时，普通钢筋混凝土大开车站结构出现和实际震害相似的破坏状态，而中柱采用钢管混凝土结构则可以有效避免这种破坏模式。

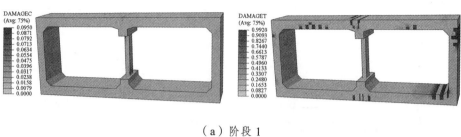

（a）阶段 1

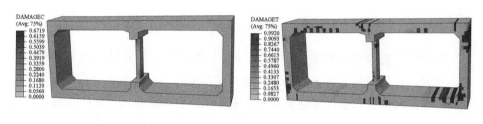

（b）阶段 2

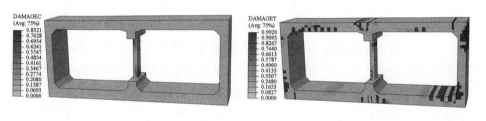

（c）阶段 3

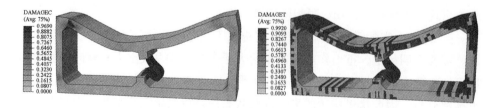

（d）阶段 4

图 6-22 推覆过程中混凝土拉压损伤

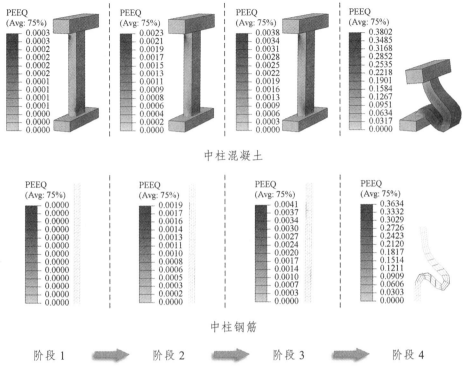

中柱混凝土

中柱钢筋

阶段 1 ➡ 阶段 2 ➡ 阶段 3 ➡ 阶段 4

图 6-23　推覆过程中中柱混凝土及钢筋等效塑性应变

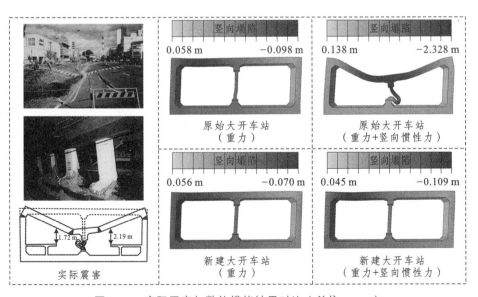

图 6-24　实际震害与数值模拟结果对比（单位：mm）

7

地下结构横向抗震
研究展望

开发利用城市地下空间是提升城市现代化水平、实现城市可持续发展的重要途径。我国现在处于并将在未来很长一段时间内处于地下工程建设的飞速发展阶段,但频发的地震作用对现役或拟建的地下结构提出了更高的抗震要求。本书以地铁地下结构为研究对象,采用理论分析和数值模拟手段对典型车站结构和区间隧道结构的横断面抗震问题进行了深入研究。首先从土-结构整体动力时程分析方法的研究入手,探讨了地下结构的地震反应特征,给出了影响地下结构动力响应的几个关键因素。同时采用本书的整体动力时程分析方法评价了现有地下结构横断面抗震简化分析方法的计算精度,并进一步发展和完善了适用于复杂断面形式和埋深较大的城市地下结构的抗震简化分析方法。另外,针对浅埋地下结构,提出了考虑上覆土体竖向惯性力的惯性力-位移法和整体式惯性力-位移法,并通过拟静力分析方法揭示了阪神地震中大开地铁车站结构的破坏机理。本书取得的主要研究成果,以及对本课题未来研究方向的展望总结如下。

7.1　主要研究成果

(1)基于等效线性化理论的土-地下结构整体动力时程分析方法研究。

本书以一维土层地震反应分析的等效线性化理论为基础,提出了一种地下结构抗震设计的等效线性化分析方法。在地下结构抗震实例分析中,本书方法计算结果与土体直接采用 Davidenkov 模型计算结果相吻合,验证了本书方法在计算土-结构动力相互作用问题的可行性,扩展了等效线性化方法在地下结构抗震分析中的应用范围。本书方法兼具场地地震反应分析的等效线性化方法和地下结构动力时程分析方法的优点,同时本书方法又采用与简化分析方法相同的材料参数,可以作为评价简化分析方法的标准动力时程分析方法。

以频域内的等效线性化方法求解自由场动力反应为基准,比较了采用目前土工数值计算中几种确定瑞利阻尼系数的方法进行动力时程分析的计算结果,仅有一个目标频率的简单形式瑞利阻尼系数得到的动力计算结果与参考解相差较大,不建议在场地地震反应分析中采用;以本书提出的瑞利阻尼系数确定方法得到的地下结构动力计算结果评价其他各瑞利阻尼系数确定方法,完整形式瑞利阻尼得到的动力计算结果与参考解之间没有明显差异,修正完整形式瑞利阻尼得到的动力计算结果与本书方法计算结果最为接近,从操作上更建议在地下结构地震反应分析中采用本书提出的瑞利阻尼系数计算方法。

(2)地下结构横向地震反应特征及主要影响因素分析。

基于本书所建立的土-结构整体动力时程分析方法,建立了场地土-地下车站结构二维动力有限元计算模型，定量地分析了地震动作用方式、结构与场地土动力特性、土-结构刚度比、结构埋深比和土-结构交界面接触特性对地下结构地震反应的影响。与仅有水平地震动作用的计算工况对比，水平和竖向双向地震动同时作用时的地下结构顶板所受土压力变化最为明显，并引起侧墙和中柱的轴力出现较大的增长趋势。与结构惯性变化相比，土层惯性变化对土-地下结构体系地震反应影响显著，忽略土层密度时地下结构的地震响应与原型结构相比最大相差高达 90%。也就是说，场地动力特性和基岩地震运动引起的场地土的体积惯性力是影响地下结构地震反应的主要控制性因素之一。

对于地下结构刚度较大的情况，当土-结构交界面摩擦系数取 0 时，即忽略场地土与结构之间的摩擦作用，结构的动力反应要远远小于土-结构交界面摩擦系数取 0.4 时结构的反应，表明刚性地下结构所受到的周围土体的切向和法向作用对其动力反应的影响更为突出。不同埋深比情况下，土-结构交界面摩擦系数的不同会带来土-结构交界面接触力的差异，但其对结构构件的截面内力的影响不大。

（3）地下结构横断面抗震简化分析方法研究。

以本书所建立的土-结构整体动力时程分析方法，系统评价了目前国内外工程上常用的地下结构抗震简化分析方法的计算精度。总体来讲，建立土-结构整体分析模型的整体式反应位移法、反应加速度法和地下结构 Pushover 分析方法的计算精度较其他各简化分析方法更高。

目前发展的简化分析方法主要关注水平地震作用下土体产生的剪切变形，而忽略了浅埋结构上覆土体的竖向惯性力作用。结合大开车站实际震害特点，在借鉴传统反应位移法和整体式反应位移法基本原理与计算模型的基础上，本书提出的惯性力-位移法和整体式惯性力-位移法能较真实地反映浅埋地下结构在强震作用下上覆土体堆积或剪切破坏后的荷载效应特点。

此外，在地下结构抗震分析与设计中常用的反应位移法的基础上，对结构的计算范围进行扩展，将任意断面的地下结构扩展成矩形的广义子结构，提出广义反应位移法。针对埋深较大的城市地下结构，在传统反应加速度法的基础上，选取结构及其周边范围部分土体进行分析，提出局部反应加速度法。以动力时程分析方法为基准并结合具体工程实例，验证了新方法在复杂断面或深埋地下结构抗震设计方面的可行性和有效性。

7.2　本书创新点

（1）提出了一种基于等效线性化理论的土-结构整体动力时程分析方法，并定量地分析了地震动作用方式、结构与场地土动力特性、土-结构刚度比、结构埋深比和土-结交界面接触特性等对地下结构横向地震反应的影响。

（2）对比了目前常用地下结构横断面抗震简化分析方法，提出了适用于浅埋地下结构的惯性力-位移法和整体式惯性力-位移法、适用于复杂断面地下结构的广义反应位移法和适用于深埋地下结构的局部反应加速度法。

（3）采用考虑上覆土体竖向惯性力的拟静力分析方法，研究了大开车站结构的破坏机理，认为高轴压比下钢筋混凝土中柱变形能力不足，引起中柱发生脆性破坏，进而导致车站结构整体倒塌。相同荷载条件下，钢管混凝土中柱延性较好，对提升车站结构抗震性能有利。

7.3　展　望

本书对地下结构横断面地震反应分析方法和减震控制等问题进行了较为系统的研究，但由于研究问题的复杂性和研究方法的局限性，加上作者水平有限，本书的研究工作仍存在许多不足之处，需要进一步完善和提升的方面主要包括：

（1）本书所提出的土-地下结构整体动力时程分析方法和简化分析方法都只停留在地下结构横断面方向，并没有对地下结构纵向地震反应展开系统的研究。由于地下结构一般为长线性结构，尤其是地铁隧道、综合管廊等，纵向行波效应对其地震反应的影响不可忽略，因此今后也需要发展和完善相应的地下结构纵向地震反应分析方法。

（2）本书的研究均将地下结构周围土层视为单相介质进行分析，而未考虑孔隙水的影响。随着地下工程建设的不断发展，富水地区的地下结构抗震问题也越来越受到关注。同时，有关大开车站地震破坏机理的研究也指出液化是造成结构塌毁的重要原因。因此，今后需要进一步发展适用于多相介质的地下结构抗震分析方法。

（3）本书虽提出了适用于浅埋矩形框架式地下结构地震反应分析的简化分析方法，但对其具体的适用范围并没有明确给出，即深埋地下结构与浅埋地下结构应如何界定。后续的研究将进一步明确本书所提出简化分析方法的适用范围，尽可能地指导工程实践。

参考文献

[1] 王梦恕. 21 世纪是隧道及地下空间大发展的年代[J]. 岩土工程界，2000，3（6）：13-15.

[2] 钱七虎. 地下空间科学开发与利用[M]. 南京：江苏科学技术出版社，2007.

[3] 陈晓强，钱七虎. 我国城市地下空间综合管理的探讨[J]. 地下空间与工程学报，2010，6（4）：666-671.

[4] BOBYLEV N. Mainstreaming sustainable development into a city's Master plan：a case of urban underground space use[J]. Land Use Policy，2009，26（4）：1128-1137.

[5] LEI H，YAN S，DAI S，et al. Quantitative research on the capacity of urban underground space-The case of Shanghai，China[J]. Tunnelling and Underground Space Technology，2012，32（11）：168-179.

[6] HUNT D V L，MAKANA L O，JEFFERSON I，et al. Liveable cities and urban underground space[J]. Tunnelling and Underground Space Technology，2016，55：8-20.

[7] ZHANG P，CHEN Z，LIU H. Study on the layout method of urban underground parking system-a case of underground parking system in the Central business District in linping New City of Hangzhou[J]. Sustainable Cities Society，2019，46：101404.

[8] 钱七虎. 可持续城市化与地下空间开发利用[J]. 世界科技研究与发展，1998，20（3）：4-8.

[9] 施仲衡，王新杰，沈子钧. 解决我国大城市交通问题的根本途径：稳步发展地铁与轻轨交通[J]. 地铁与轻轨，1996（1）：2-5.

[10] AMOROSI A，BOLDINI D. Numerical modelling of the transverse dynamic behaviour of circular tunnels in clayey soils[J]. Soil Dynamics and Earthquake Engineering，2009，29（6）：1059-1072.

[11] 陈国兴，陈苏，杜修力，等. 城市地下结构抗震研究进展[J]. 防灾减灾工程学报，2016，36（1）：1-23.

[12] 陈卫忠，宋万鹏，赵武胜，等. 地下工程抗震分析方法及性能评价研究进展[J]. 岩石力学与工程学报，2017，36（2）：310-325.

[13] SCAWTHORN C，O'ROURKE T，BLACKBURN F. The 1906 san francisco earthquake and fire-enduring lessons for fire protection and water supply[J]. Earthquake Spectra，2006，22（S2）：135-158.

[14] SATO T，GRAVES R W，SOMERVILLE P G. Three-dimensional finite-difference simulations of long-period strong motions in the Tokyo metropolitan area during the 1990 Odawara earthquake（MJ 5.1）and the great 1923 Kanto earthquake（MS 8. 2）in Japan[J]. Bulletin of the Seismological society of America，1999，89（3）：579-607.

[15] HINDY A，NOVAK M. Earthquake response of underground pipelines[J]. Earthquake Engineering and Structural Dynamics，2010，7（5）：451-476.

[16] 中国科学院工程力学研究所. 海城地震震害[M]. 北京：地震出版社，1979.

[17] ESTEVA L. The mexico earthquake of september 19，1985-consequences，lessons，and impact on research and practice[J]. Earthquake Spectra，1988，4（3）：413-426.

[18] 宋胜武. 汶川大地震工程震害调查分析与研究[M]. 北京：科学出版社，2009.

[19] HUO H. Seismic design and analysis of rectangular underground structures[D]. West Lafayette：Purdue University，2005.

[20] 张庆贺，朱合华，庄荣. 地铁与轻轨[M]. 北京：人民交通出版社，2002.

[21] 庄海洋，程绍革，陈国兴. 阪神地震中大开地铁车站震害机制数值仿真分析[J]. 岩土力学，2008，29（1）：245-250.

[22] UENISHI K，SAKURAI S. Characteristic of the vertical seismic waves associated with the 1995 Hyogo-ken Nanbu（Kobe），Japan earthquake estimated from the failure of the Daikai Underground Station[J]. Earthquake Engineering and Structural Dynamics，2000，29（6）：813-821.

[23] 李杰，李国强. 地震工程学导论[M]. 北京：地震出版社，1992.

[24] 李献智，张国民. 欧亚地震带地震活动和中国大陆地震[J]. 地震地质，1994，16（4）：300-304.

[25] 中华人民共和国国家质量监督检验检疫总局，中国国家标准化管理委员会. 中国地震动参数区划图：GB 18306—2015[S]. 北京：中国质检出版社，中国标准出版社，2015.

[26] 中华人民共和国铁道部. 铁路工程抗震设计规范：GBJ 111—87[S]. 北京：中国计划出版社，1987.

[27] 中华人民共和国交通部. 公路工程抗震设计规范：JTJ 004—89[S]. 北京：人民交通出版社，1989.

[28] 中华人民共和国建设部. 地下铁道设计规范：GB 50157—92[S]. 北京：中国建筑工业出版社，1992.

[29] 中华人民共和国建设部. 地铁设计规范：GB 50157—2003[S]. 北京：中国建筑工业出版社，2003.

[30] 中华人民共和国住房和城乡建设部，中华人民共和国国家质量监督检验检疫总局. 建筑抗震设计规范：GB 50011—2010[S]. 北京：中国建筑工业出版社，2010.

[31] 中华人民共和国住房和城乡建设部，中华人民共和国国家质量监督检验检疫总局. 城市轨道交通结构抗震设计规范：GB 50909—2014[S]. 北京：中国计划出版社，2014.

[32] 中华人民共和国住房和城乡建设部，国家市场监督管理总局. 地下结构抗震设计标准：GB/T 51336—2018[S]. 北京：中国建筑工业出版社，2018.

[33] 林皋. 地下结构抗震分析综述（上）[J]. 世界地震工程，1990（2）：1-10.

[34] 林皋. 地下结构抗震分析综述（下）[J]. 世界地震工程，1990（3）：1-10.

[35] 林皋，梁青槐. 地下结构的抗震设计[J]. 土木工程学报，1996，29（1）：15-24.

[36] A HASHASH Y M，J HOOK J，SCHMIDT BIRGER，et al. Seismic design and analysis of underground structures[J]. Tunnelling and Underground Space Technology，2001，16（4）：247-293.

[37] YASHIRO K，KOJIMA Y，FUKAZAWA N，et al. The mechanism behind seismic damage to railway mountain tunnels and assessment of their aseismic performance[J]. Quarterly Report of RTRI，2010，51（3）：125-131.

[38] 王秀英，刘维宁，张弥. 地下结构震害类型及机理研究[J]. 中国安全科学学报，2003，13（11）：55-58.

[39] WANG W，WANG T，SU J，et al. Assessment of damage in mountain tunnels due to the Taiwan Chi-Chi earthquake[J]. Tunnelling and Underground Space Technology，2001，16（3）：133-150.

[40] MA C，LU D，DU X，et al. Effect of buried depth on seismic response of rectangular underground structures considering the influence of ground loss[J]. Soil Dynamics and Earthquake Engineering，2018，106：278-297.

[41] 于翔，陈启亮，赵跃堂，等. 地下结构抗震研究方法及其现状[J]. 解放军理工大学学报：自然科学版，2000，1（5）：63-69.

[42] SHARMA S，JUDD W R. Underground opening damage from earthquakes[J]. Engineering geology，1991，30（3-4）：263-276.

[43] POWER M, ROSIDI D, KANESHIRO J. Seismic vulnerability of tunnels and underground structures revisited[J]. Proceedings of the North American Tunneling, 1998, 98: 243-250.

[44] IIDA H, HIROTO T, YOSHIDA N, et al. Damage to Daikai subway station[J]. Soils and foundations, 1996, 36 (Special): 283-300.

[45] 杜修力, 李洋, 许成顺, 等. 1995 年日本阪神地震大开地铁车站震害原因及成灾机理分析研究进展[J]. 岩土工程学报, 2018, 40 (2): 223-236.

[46] 李天斌. 汶川特大地震中山岭隧道变形破坏特征及影响因素分析[J]. 工程地质学报, 2008, 16 (6): 742-750.

[47] 崔光耀, 王明年, 于丽, 等. 汶川地震公路隧道洞口结构震害分析及震害机理研究[J]. 岩土工程学报, 2013, 35 (6): 1084-1091.

[48] WANG Z, GAO B, JIANG Y, et al. Investigation and assessment on mountain tunnels and geotechnical damage after the Wenchuan earthquake[J]. Science in China Series E: Technological Sciences, 2009, 52 (2): 546-558.

[49] 薛素铎, 刘毅, 李雄彦. 土-结构动力相互作用研究若干问题综述[J]. 世界地震工程, 2013, 29 (2): 1-9.

[50] PHILLIPS J S, LUKE B A. Tunnel damage resulting from seismic loading[C]// Proceedings of the 2nd International Conferences on Recent Advances in Geotechnical Earthquake Engineering and Soil Dynamics, 1991.

[51] NISHIYAMA S, MUROYA K, HAYA H, et al. Seismic Design of Cut and Cover Tunnel Based on Damage Analyses and Experimental Studies[J]. Quarterly Report of RTRI, 1999, 40 (3): 158-164.

[52] IWATATE T, KOBAYASHI Y, KUSU H, et al. Investigation and shaking table tests of subway structures of the Hyogoken-Nanbu earthquake[C]// Proceedings of the 12th World Conference on Earthquake Engineering, 2000.

[53] CHE A, IWATATE T. Shaking table test and numerical simulation of seismic response of subway structures[J]. WIT Transactions on The Built Environment, 2002, 63: 367-376.

[54] OHTOMO K, SUEHIRO T, KAWAI T, et al. Research on streamlining seismic safety evaluation of underground reinforced concrete duct-type structures in nuclear power stations—Part-2. Experimental aspects of laminar shear sand box excitation tests with embedded RC models[J]. Transactions, SMiRT, 2001, 16: 1298.

[55] MATSUI J, OHTOMO K, KANAYA K. Development and validation of

nonlinear dynamic analysis in seismic performance verification of underground RC structures[J]. Journal of Advanced Concrete Technology, 2004, 2（1）: 25-35.

[56] CHE A, IWATATE T, GE X. Study on dynamic response of embedded long span corrugated steel culverts using scaled model shaking table tests and numerical analyses[J]. Journal of Zhejiang University-Science A, 2006, 7（3）: 430-435.

[57] GUAN Z, ZHOU Y, GOU X, et al. The seismic responses and seismic properties of large section mountain tunnel based on shaking table tests[J]. Tunnelling and Underground Space Technology, 2019, 90: 383-393.

[58] TAO L, DING P, SHI C, et al. Shaking table test on seismic response characteristics of prefabricated subway station structure[J]. Tunnelling and Underground Space Technology, 2019, 91: 102994.

[59] 宫必宁, 赵大鹏. 地下结构与土动力相互作用试验研究[J]. 地下空间, 2002, 22（4）: 320-324.

[60] 赵大鹏, 宫必宁, 晏成明. 大跨度地下结构振动性态试验研究[J]. 重庆建筑大学学报, 2002, 24（5）: 52-57.

[61] 季倩倩. 地铁车站结构振动台模型试验研究[D]. 上海: 同济大学, 2002.

[62] 杨林德, 季倩倩, 郑永来, 等. 软土地铁车站结构的振动台模型试验[J]. 现代隧道技术, 2003, 40（1）: 7-11.

[63] 杨林德, 杨超, 季倩倩, 等. 地铁车站的振动台试验与地震响应的计算方法[J]. 同济大学学报（自然科学版）, 2003, 31（10）: 1135-1140.

[64] 边金. 地铁地下结构的地震动力响应研究[D]. 北京: 北京工业大学, 2006.

[65] 张波. 地铁车站地震破坏机理及密贴组合结构的地震响应研究[D]. 北京: 北京工业大学, 2012.

[66] 陶连金, 王沛霖, 边金. 典型地铁车站结构振动台模型试验[J]. 北京工业大学学报, 2006, 32（9）: 798-801.

[67] 陶连金, 吴秉林, 李积栋, 等. Y形柱双层地铁车站振动台试验研究[J]. 铁道建筑, 2014, （9）: 36-40.

[68] 李积栋, 陶连金, 安军海, 等. 近远场地震动作用密贴交叉组合地铁车站振动台试验[J]. 土木工程学报, 2015, 48（10）: 30-37.

[69] 申玉生, 高波, 王峥峥, 等. 高烈度地震区山岭隧道模型试验研究[J]. 现代隧道技术, 2008, 45（5）: 38-43.

[70] 史晓军, 陈隽, 李杰. 地下综合管廊大型振动台模型试验研究[J]. 地震工程与工程振动, 2008, 28（6）: 116-123.

[71] 史晓军，陈隽，李杰. 非一致地震激励地下综合管廊振动台模型试验研究（Ⅰ）——试验方法[J]. 地震工程与工程振动，2010，30（1）：45-52.

[72] 陈隽，史晓军，李杰. 非一致地震激励地下综合管廊振动台模型试验研究（Ⅱ）——试验结果[J]. 地震工程与工程振动，2010，30（2）：123-130.

[73] 姜忻良，徐炳伟，焦莹. 大型土-桩-复杂结构振动台模型试验研究[J]. 土木工程学报，2010，43（10）：98-105.

[74] 景立平，孟宪春，孙海峰，等. 三层地铁车站振动台试验分析[J]. 地震工程与工程振动，2011，31（6）：159-166.

[75] 景立平，孟宪春，孙海峰，等. 三层地铁车站振动台试验的数值模拟[J]. 地震工程与工程振动，2012，32（1）：98-105.

[76] 权登州，王毅红，叶丹，等. 黄土地区地铁车站振动台试验研究[J]. 土木工程学报，2016，49（11）：79-90.

[77] 权登州，王毅红，马蓬渤，等. 黄土地区地铁车站地震反应的频域分析及空间效应[J]. 振动与冲击，2016，35（21）：102-112.

[78] 陈国兴，庄海洋，杜修力，等. 土-地铁隧道动力相互作用的大型振动台试验——试验结果分析[J]. 地震工程与工程振动，2007，27（1）：164-170.

[79] 陈国兴，庄海洋，杜修力，等. 土-地铁车站结构动力相互作用大型振动台模型试验研究[J]. 地震工程与工程振动，2007，27（2）：171-176.

[80] 陈国兴，庄海洋，杜修力，等. 液化场地土-地铁车站结构大型振动台模型试验研究[J]. 地震工程与工程振动，2007，27（3）：163-170.

[81] 陈国兴，左熹，王志华，等. 地铁车站结构近远场地震反应特性振动台试验[J]. 浙江大学学报（工学版），2010，44（10）：1955-1961.

[82] 陈国兴，左熹，王志华，等. 可液化场地地铁车站结构地震破坏特性振动台试验研究[J]. 建筑结构学报，2012，33（1）：128-137.

[83] CHEN G, WANG Z, ZUO X, et al. Shaking table test on the seismic failure characteristics of a subway station structure on liquefiable ground[J]. Earthquake Engineering and Structural Dynamics, 2013, 42（10）: 1489-1507.

[84] CHEN G, CHEN S, QI C, et al. Shaking table tests on a three-arch type subway station structure in a liquefiable soil[J]. Bulletin of Earthquake Engineering, 2015, 13（6）: 1675-1701.

[85] CHEN G, CHEN S, ZUO X, et al. Shaking-table tests and numerical simulations on a subway structure in soft soil[J]. Soil Dynamics and Earthquake Engineering, 2015, 76: 13-28.

[86] 李霞. 地铁地下结构水平双向地震反应振动台模型试验研究[D]. 北京：北京工业大学，2012.

[87] 李霞，许成顺，杜修力. 悬挂式层状多向剪切变形模型箱的研制[J]. 地震工程与工程振动，2016，36（1）：118-126.

[88] 韩俊艳. 埋地管道非一致激励地震反应分析方法与振动台试验研究[D]. 北京：北京工业大学，2014.

[89] 韩俊艳，万宁潭，李立云，等. 长输埋地管道振动台试验传感器布置方案研究[J]. 震灾防御技术，2018，13（1）：13-22.

[90] 杜修力，韩俊艳，李立云. 长输埋地管道振动台试验设计中相似关系的选取[J]. 防灾减灾工程学报，2013，33（3）：246-252.

[91] 江志伟. 装配式地铁隧道和车站结构抗震研究[D]. 北京：北京工业大学，2019.

[92] 冯振，殷跃平. 我国土工离心模型试验技术发展综述[J]. 工程地质学报，2011，19（3）：323-331.

[93] 侯瑜京. 土工离心机振动台及其试验技术[J]. 中国水利水电科学研究院学报，2006，4（1）：15-22.

[94] YANG D, NAESGAARD E, BYRNE P M, et al. Numerical model verification and calibration of George Massey Tunnel using centrifuge models[J]. Canadian geotechnical journal, 2004, 41（5）：921-942.

[95] CHOU J, KUTTER B, TRAVASAROU T, et al. Centrifuge modeling of seismically induced uplift for the BART transbay tube[J]. Journal of Geotechnical and Geoenvironmental Engineering, 2010, 137（8）：754-765.

[96] CILINGIR U, MADABHUSHI S G. A model study on the effects of input motion on the seismic behaviour of tunnels[J]. Soil Dynamics and Earthquake Engineering, 2011, 31（3）：452-462.

[97] CILINGIR U, MADABHUSHI S G. Effect of depth on the seismic response of square tunnels[J]. Soils and foundations, 2011, 51（3）：449-457.

[98] CHIAN S, MADABHUSHI S. Effect of buried depth and diameter on uplift of underground structures in liquefied soils[J]. Soil Dynamics and Earthquake Engineering, 2012, 41：181-190.

[99] LANZANO G, BILOTTA E, RUSSO G, et al. Centrifuge modeling of seismic loading on tunnels in sand[J]. Geotechnical Testing Journal, 2012, 35（6）：854-869.

[100] TSINIDIS G, PITILAKIS K, HERON C, et al. Experimental and numerical investigation of the seismic behavior of rectangular tunnels in soft soils[C]//

Proceedings of the 4th International Conference on Computational Methods in Structural Dynamics and Earthquake Engineering，2013.

[101] CHEN Z Y，SHEN H. Dynamic centrifuge tests on isolation mechanism of tunnels subjected to seismic shaking[J]. Tunnelling and Underground Space Technology，2014，42：67-77.

[102] TOBITA T，KANG G C，IAI S. Centrifuge modeling on manhole uplift in a liquefied trench[J]. Soils and foundations，2011，51（6）：1091-1102.

[103] KANG G C，TOBITA T，IAI S，et al. Centrifuge modeling and mitigation of manhole uplift due to liquefaction[J]. Journal of Geotechnical and Geoenvironmental Engineering，2012，139（3）：458-469.

[104] 刘光磊，宋二祥，刘华北，等. 饱和砂土地层中隧道结构动力离心模型试验[J]. 岩土力学，2008，29（8）：2070-2076.

[105] 刘晶波，刘祥庆，王宗纲，等. 土-结构动力相互作用系统离心机振动台模型试验[J]. 土木工程学报，2010，43（11）：114-121.

[106] 刘晶波，赵冬冬，王文晖. 土-结构动力离心试验模型材料研究与相似关系设计[J]. 岩石力学与工程学报，2012，31（S1）：3181-3187.

[107] 韩超. 强震作用下圆形隧道响应及设计方法研究[D]. 杭州：浙江大学，2011.

[108] 郭恒. 地铁车站地震响应离心机模型试验研究[D]. 杭州：浙江大学，2012.

[109] 凌道盛，郭恒，蔡武军，等. 地铁车站地震破坏离心机振动台模型试验研究[J]. 浙江大学学报（工学版），2012，46（12）：2201-2209.

[110] 周健，陈小亮，贾敏才，等. 有地下结构的饱和砂土液化宏细观离心机试验[J]. 岩土工程学报，2012，34（3）：392-399.

[111] 李洋. 浅埋地下框架结构地震破坏机理研究[D]. 北京：北京工业大学，2018.

[112] 许成顺，李洋，杜修力，等. 上覆土竖向惯性力对浅埋地下框架结构地震损伤反应影响离心机振动台模型试验研究[J]. 土木工程学报，2019，52（3）：100-110.

[113] 孔令俊. 大型钢筋混凝土箱涵结构拟静力试验与数值分析[D]. 西安：西安建筑科技大学，2014.

[114] KAWANISHI T, KIYONO J, IZAWA J. An Experimental Study on the Failure Behavior and the Strength of a Cut and Cover Tunnel（Japanese Title：側壁の損傷に着目した開削トンネルの地震時耐力把握のための実験的研究）[J]. Journal of Japan Society of Civil Engineers，2013，69：509-516.

[115] KAWANISHI T, KIYONO J, IZAWA J. Static Loading Tests of Cut and Cover

Tunnel to Grasp a Relationship Between a Process of Failure and Strength（Japanese Title：開削トンネルの破壊箇所と耐力の関係把握のための静的載荷実験）[J]. Journal of Japan Society of Civil Engineers，2014，70：734-741.

[116] 刘洪涛. 装配整体式地铁车站节点试验研究及整体抗震性能分析[D]. 北京：北京工业大学，2018.

[117] 杜修力，刘洪涛，路德春，等. 装配整体式地铁车站侧墙底节点抗震性能研究[J]. 土木工程学报，2017，50（4）：38-47.

[118] 杜修力，刘洪涛，许成顺，等. 不同轴压比下装配整体式地铁车站拼装柱抗震性能试验研究[J]. 建筑结构学报，2018，39（11）：11-19.

[119] 杜修力，刘洪涛，许成顺，等. 装配整体式地铁车站横断面方向梁板柱中节点抗震性能研究[J]. 建筑结构学报，2019，40（8）：51-60.

[120] 杜修力，刘洪涛，许成顺，等. 装配整体式地铁车站纵断面方向梁板柱中节点抗震性能研究[J]. 建筑结构学报，2019，40（9）：95-103.

[121] SHAWKY A A. Nonlinear static and dynamic analysis for underground reinforced concrete[D]. 東京：東京大学，1994.

[122] NAM S H，SONG H W，BYUN K J，et al. Seismic analysis of underground reinforced concrete structures considering elasto-plastic interface element with thickness[J]. Engineering Structures，2006，28（8）：1122-1131.

[123] 马超. 地铁车站结构地震塌毁过程模拟及破坏机理分析[D]. 北京：北京工业大学，2017.

[124] 杜修力，王刚，路德春. 日本阪神地震中大开地铁车站地震破坏机理分析[J]. 防灾减灾工程学报，2016，36（2）：165-171.

[125] 杜修力，马超，路德春，等. 大开地铁车站地震破坏模拟与机理分析[J]. 土木工程学报，2017，50（1）：53-62.

[126] 王苏，路德春，杜修力. 地下结构地震破坏静-动力耦合模拟研究[J]. 岩土力学，2012，33（11）：3483-3488.

[127] 刘如山，邬玉斌，杜修力. 用纤维模型对地下结构地震破坏的数值模拟分析[J]. 北京工业大学学报，2010，36（11）：1488-1495.

[128] 邬玉斌. 地铁车站地震反应和破坏机理分析[D]. 哈尔滨：中国地震局工程力学研究所，2008.

[129] 杜修力，康凯丽，许紫刚，等. 地下结构地震反应的主要特征及规律[J]. 土木工程学报，2018，51（7）：11-21.

[130] 杜修力，许紫刚，袁雪纯，等. 地震动峰值位移和峰值速度对地下结构地震

反应的影响[J]. 震灾防御技术，2018，13（2）：293-303.

[131] XU Z, DU X, XU C, et al. Numerical research on seismic response characteristics of shallow buried rectangular underground structure[J]. Soil Dynamics and Earthquake Engineering, 2019, 116: 242-252.

[132] 何伟，陈健云. 地铁地下车站在非一致性地震输入下的动力响应[J]. 振动与冲击，2011，30（12）：103-107.

[133] 陈健云，温瑞智，于品清，等. 浅埋软土地铁车站地震响应数值分析[J]. 世界地震工程，2009，25（2）：46-53.

[134] 李彬，刘晶波，尹骁. 双层地铁车站的强地震反应分析[J]. 地下空间与工程学报，2005，1（5）：779-782.

[135] 庄海洋，龙慧，陈国兴. 复杂大型地铁地下车站结构非线性地震反应分析[J]. 地震工程与工程振动，2013，33（2）：192-199.

[136] 路德春，李云，马超，等. 斜入射地震作用下地铁车站结构抗震性能分析[J]. 北京工业大学学报，2016，42（1）：87-94.

[137] 谷音，钟华，卓卫东. 地震作用下大型地铁车站结构三维动力反应分析[J]. 岩石力学与工程学报，2013，32（11）：2290-2299.

[138] WANG H F, LOU M L, CHEN X, et al. Structure-soil-structure interaction between underground structure and ground structure[J]. Soil Dynamics and Earthquake Engineering, 2013, 54（11）: 31-38.

[139] 李积栋，陶连金，安军海，等. 超浅埋大跨度 Y 形柱双层地铁车站三维地震响应分析[J]. 中南大学学报（自然科学版），2015，46（2）：653-660.

[140] ZHUANG H, HU Z, WANG X, et al. Seismic responses of a large underground structure in liquefied soils by FEM numerical modelling[J]. Bulletin of Earthquake Engineering, 2015, 13（12）: 3645-3668.

[141] DING J H, JIN X L, GUO Y Z, et al. Numerical simulation for large-scale seismic response analysis of immersed tunnel[J]. Engineering Structures, 2006, 28（10）: 1367-1377.

[142] DO N A, DIAS D, ORESTE P, et al. 2D numerical investigation of segmental tunnel lining under seismic loading[J]. Soil Dynamics and Earthquake Engineering, 2015, 72: 66-76.

[143] GOMES R C. Effect of stress disturbance induced by construction on the seismic response of shallow bored tunnels[J]. Computers and Geotechnics, 2013, 49: 338-351.

[144] PITILAKIS K, TSINIDIS G, LEANZA A, et al. Seismic behaviour of circular tunnels accounting for above ground structures interaction effects[J]. Soil Dynamics and Earthquake Engineering, 2014, 67: 1-15.

[145] YU H, YUAN Y, QIAO Z, et al. Seismic analysis of a long tunnel based on multi-scale method[J]. Engineering Structures, 2013, 49: 572-587.

[146] VAZOURAS P, DAKOULAS P, KARAMANOS S A. Pipe-soil interaction and pipeline performance under strike-slip fault movements[J]. Soil Dynamics and Earthquake Engineering, 2015, 72: 48-65.

[147] GOMES R C, GOUVEIA F, TORCATO D, et al. Seismic response of shallow circular tunnels in two-layered ground[J]. Soil Dynamics and Earthquake Engineering, 2015, 75: 37-43.

[148] 付鹏程. 地铁地下结构震动变形的实用评价方法研究[D]. 北京: 清华大学, 2004.

[149] 王文晖. 地下结构实用抗震分析方法及性能指标研究[D]. 北京: 清华大学, 2013.

[150] 王璐. 地下建筑结构实用抗震分析方法研究[D]. 重庆: 重庆大学, 2011.

[151] 施仲衡. 地下铁道设计与施工[M]. 西安: 陕西科学出版社, 1997.

[152] NEWMARK N M. Problem in wave propagation in soil and rock[C]// Proceedings of the Int Symp Wave Propagation and Dynamic Properties of Earth Materials, 1968.

[153] WANG J N, MUNFAKH G. Seismic design of tunnels[M]. WIT Press, 2001.

[154] 廖振鹏. 工程波动理论导论[M]. 北京: 科学出版社, 2002.

[155] 杜修力. 工程波动理论与方法[M]. 北京: 科学出版社, 2009.

[156] IDRISS I, SUN J. Shake91: a Computer Program for Conducting Equivalent Linear Seismic Response Analyses of Horizontally Layered Soil Data[M]. Center for Geotechnical Modeling Department of Civil Environmental Engineering: Davis, University of California, California, 1992.

[157] BARDET J, ICHII K, LIN C. EERA: a computer program for equivalent-linear earthquake site response analyses of layered soil deposits[M]. University of Southern California, Department of Civil Engineering, 2000.

[158] PENZIEN J. Seismically induced racking of tunnel linings[J]. Earthquake Engineering and Structural Dynamics, 2000, 29 (5): 683-691.

[159] RAMAZI H, JIGHEH H S. The Bam (Iran) Earthquake of December 26,

2003: From an engineering and seismological point of view[J]. Journal of Asian Earth Sciences, 2006, 27（5）: 576-584.

[160] BHALLA S, YANG Y W, ZHAO J, et al. Structural health monitoring of underground facilities-technological issues and challenges[J]. Tunnelling and Underground Space Technology, 2005, 20（5）: 487-500.

[161] 川岛一彦. 地下构筑物の耐震设计[M]. 日本: 鹿岛出版会, 1994.

[162] 刘晶波, 王文晖, 赵冬冬, 等. 地下结构抗震分析的整体式反应位移法[J]. 岩石力学与工程学报, 2013, 32（8）: 1618-1624.

[163] 刘晶波, 王文晖, 赵冬冬, 等. 复杂断面地下结构地震反应分析的整体式反应位移法[J]. 土木工程学报, 2014, 47（1）: 134-142.

[164] 刘如山, 胡少卿, 石宏彬. 地下结构抗震计算中拟静力法的地震荷载施加方法研究[J]. 岩土工程学报, 2007, 29（2）: 237-242.

[165] 董正方, 王君杰. 反应加速度法中地震动参数的修正研究[J]. 现代隧道技术, 2014, 51（1）: 32-37.

[166] 刘晶波, 李彬, 刘祥庆. 地下结构抗震设计中的静力弹塑性分析方法[J]. 土木工程学报, 2007, 40（7）: 68-76.

[167] 刘晶波, 刘祥庆, 李彬. 地下结构抗震分析与设计的 Pushover 分析方法[J]. 土木工程学报, 2008, 41（4）: 73-80.

[168] 刘晶波, 刘祥庆, 薛颖亮. 地下结构抗震分析与设计的 Pushover 方法适用性研究[J]. 工程力学, 2009, 26（1）: 49-057.

[169] 杨智勇, 黄宏伟, 张冬梅, 等. 盾构隧道抗震分析的静力推覆方法[J]. 岩土力学, 2012, 33（5）: 1381-1388.

[170] CHEN Z Y, CHEN W, ZHANG W. Seismic performance evaluation of multi-story subway structure based on pushover analysis[J]. Advances in Soil Dynamics and Foundation Engineering（ASCE）, 2014: 444-454.

[171] 杜修力, 许紫刚, 许成顺, 等. 基于等效线性化的土-地下结构整体动力时程分析方法研究[J]. 岩土工程学报, 2018, 40（12）: 2155-2163.

[172] HARDIN B O, BLACK W L. Vibration modulus of normally consolidated clay[J]. Journal of Soil Mechanics & Foundations Div, 1968,94（2）:353-369.

[173] SEED H B, IDRISS I.Soil moduli and damping factors for dynamic response analysis[J]. 1970.

[174] 祝龙根, 吴晓峰. 低幅应变条件下砂土动力特性的研究[J]. 大坝观测与土工测试, 1988, 12（1）: 27-33.

[175] KAGAWA T. Moduli and damping factors of soft marine clays[J]. Journal of Geotechnical Engineering, 1992, 118（9）: 1360-1375.

[176] 陈国兴, 谢君斐. 土的动模量和阻尼比的经验估计[J]. 地震工程与工程振动, 1995, 15（1）: 73-84.

[177] 庄海洋. 土-地下结构非线性动力相互作用及其大型振动台试验研究[D]. 南京: 南京工业大学, 2006.

[178] 丁海平, 马俊玲. 基于场地特征周期的瑞利阻尼确定方法[J]. 岩土力学, 2013, 34（S2）: 35-40.

[179] YOSHIDA N, KOBAYASHI S, SUETOMI I, et al. Equivalent linear method considering frequency dependent characteristics of stiffness and damping[J]. Soil Dynamics and Earthquake Engineering, 2002, 22（3）: 205-222.

[180] PARK D, HASHASH Y M. Soil damping formulation in nonlinear time domain site response analysis[J]. Journal of Earthquake Engineering, 2004, 8（2）: 249-274.

[181] ERDURAN E. Evaluation of Rayleigh damping and its influence on engineering demand parameter estimates[J]. Earthquake Engineering and Structural Dynamics, 2012, 41（14）: 1905-1919.

[182] 马俊玲, 丁海平. 土层地震反应分析中不同阻尼取值的影响比较[J]. 防灾减灾工程学报, 2013, 33（5）: 517-523.

[183] 楼梦麟, 邵新刚. 深覆盖土层 Rayleigh 阻尼矩阵建模问题的讨论[J]. 岩土工程学报, 2013, 35（7）: 1272-1279.

[184] HUDSON M, IDRISS I, BEIKAE M. QUAD4M: a computer program to evaluate the seismic response of soil structures using finite element procedures and incorporating a compliant base[M]. Center for Geotechnical Modeling, Department of Civil and Environmental Engineering, University of California, 1994.

[185] 赵密. 近场波动有限元模拟的应力型时域人工边界条件及其应用[D]. 北京: 北京工业大学, 2009.

[186] 杜修力, 李洋, 赵密, 等. 下卧刚性基岩条件下场地土-结构体系地震反应分析方法研究[J]. 工程力学, 2017, 34（5）: 52-59.

[187] 耿萍. 铁路隧道抗震计算方法研究[D]. 成都: 西南交通大学, 2004.

[188] 铁道部第二设计院. 铁路工程设计技术手册·隧道[M]. 北京: 人民铁道出版社, 1978.

[189] 同济大学, 上海申通轨道交通研究咨询有限公司. 地下铁道建筑结构抗震

设计规范：DG/T J08-2064—2009[S]. 上海：同济大学出版社，2009.

[190] ZHANG J，SHAMOTO Y，TOKIMATSU K. Seismic earth pressure theory for retaining walls under any lateral displacement[J]. Soils and foundations，1998，38（2）：143-163.

[191] 张嘎，张建民. 成层地基与浅埋结构物动力相互作用的简化分析[J]. 工程力学，2002，19（6）：93-97.

[192] 周健，董鹏，池永. 软土地下结构的地震土压力分析研究[J]. 岩土力学，2004，25（4）：000554-000559.

[193] 耿萍，何悦，何川，等. 地震系数法隧道上覆土柱的合理计算高度[J]. 重庆大学学报（自然科学版），2013，36（4）：159-164.

[194] 耿萍，何川，晏启祥. 隧道结构抗震分析方法现状与进展[J]. 土木工程学报，2013，（S1）：262-268.

[195] 曹久林，应础斌，张征亮. 盾构隧道地震系数法的抗震分析[J]. 华东公路，2012，（2）：26-29.

[196] 徐丽娟，丁海平，孔戈. 相对刚度对圆形隧道结构地震反应影响规律的研究[J]. 工程抗震与加固改造，2008，30（5）：69-73.

[197] 姚小彬，戚承志，罗健. 土-结构相对刚度对地下矩形结构地震反应影响规律的研究[J]. 武汉理工大学学报，2013，35（3）：93-96.

[198] TSINIDIS G. Response characteristics of rectangular tunnels in soft soil subjected to transversal ground shaking[J]. Tunnelling and Underground Space Technology，2017，62（1）：1-22.

[199] 蒋通，宋晓星. 用薄层法分析层状地基中条形基础的阻抗函数[J]. 力学季刊，2009，30（1）：62-70.

[200] 蒋通，宋晓星. 层状地基中埋管地基阻抗函数的分析方法[J]. 力学季刊，2009，30（2）：243-249.

[201] 王文沛，陶连金，张波，等. 基于薄层分析的反应位移法研究[J]. 北京工业大学学报，2012，38（8）：1231-1235.

[202] 黄茂松，刘鸿哲，曹杰. 软土隧道横向抗震分析的简化响应位移法[J]. 岩土力学，2012，33（10）：3115-3121.

[203] 董正方，王君杰，赵东晓，等. 浅埋盾构隧道地基弹簧刚度的求解方法[J]. 土木建筑与环境工程，2013，35（6）：28-32.

[204] 董正方，王君杰，王文彪，等. 基于土层位移差的地下结构抗震反应位移法分析[J]. 振动与冲击，2013，32（7）：38-42.

[205] 李亮，杨晓慧，杜修力. 地下结构地震反应计算的改进的反应位移法[J]. 岩土工程学报，2014，36（7）：1360-1364.

[206] 宾佳，景立平，崔杰，等. 反应位移法中弹簧系数求解方法改进研究[J]. 地震工程学报，2014，36（3）：525-531.

[207] 李英民，王璐，刘阳冰，等. 地下结构抗震计算地基弹簧系数取值方法研究[J]. 地震工程与工程振动，2012，32（1）：106-113.

[208] 禹海涛，张正伟. 地下结构抗震设计和分析的反应剪力法[J]. 结构工程师，2018，34（2）：138-148.

[209] CHOPRA A K，GOEL R K. A modal pushover analysis procedure for estimating seismic demands for buildings[J]. Earthquake Engineering and Structural Dynamics，2002，31（3）：561-582.

[210] MWAFY A，ELNASHAI A S. Static pushover versus dynamic collapse analysis of RC buildings[J]. Engineering Structures，2001，23（5）：407-424.

[211] 刘晶波，李彬，谷音. 地铁盾构隧道地震反应分析[J]. 清华大学学报（自然科学版），2005，45（6）：757-760.

[212] 曹炳政，罗奇峰，马硕，等. 神户大开地铁车站的地震反应分析[J]. 地震工程与工程振动，2002，22（4）：102-107.

[213] 董正方，王君杰，姚毅超. 深埋盾构隧道结构抗震设计方法评价[J]. 振动与冲击，2012，31（19）：79-85.

[214] 许紫刚，杜修力，许成顺，等. 复杂断面地下结构地震反应分析的广义反应位移法研究[J]. 岩土力学，2019，40（8）：3247-3254.

[215] 矢的照夫，梅原俊夫，青木一二三，等. 兵庫県南部地震による神戸高速鉄道・大開駅の被害とその要因分析[J]. 土木学会論文集，1996，（537）：303-320.

[216] AN X，SHAWKY A A，MAEKAWA K. The collapse mechanism of a subway station during the Great Hanshin earthquake[J]. Coment and Concrete Composites，1997，19（3）：241-257.

[217] 刘祥庆. 地铁地下结构地震反应分析方法与试验研究[D]. 北京：清华大学，2008.

[218] 杜修力，许紫刚，许成顺，等. 浅埋地下结构地震反应分析的惯性力-位移法[J]. 岩土工程学报，2018，40（4）：583-591.

[219] XU Z，DU X，XU C，et al. Simplified equivalent static methods for seismic analysis of shallow buried rectangular underground structures[J]. Soil Dynamics and Earthquake Engineering，2019，121：1-11.